教育部提升专业服务能力项目
机电一体化技术专业核心课程建设规划教材

气动与液压技术

主　编◎王俊洲　张晓娟　赵淑娟

副主编◎潘　玲　黄　伟　杨　乐

西南交通大学出版社
·成　都·

内容简介

本书根据高职高专课堂教学和实验操作的要求，以提高实际工程实践能力为目的，深入浅出地对气动技术和液压技术做了系统和完整的介绍。本书的特点是：以项目为导向，从生产实际中提炼出几个典型项目，可以在实验室中模拟完成，重在培养学生对气动和液压技术的开发应用能力。

全书包括五个项目。主要介绍了气动技术和液压技术的基础知识、气缸及气动应用控制的各种阀件、气动系统各种控制回路的设计及应用、气动系统的设计方法等。在各个项目之后安排了技能训练和思考题。

本书可作为高职高专院校机械工程、工业自动化、电气自动化技术、机电一体化技术等专业的教材及实验指导书，同时也可作为相关专业技术人员的自学参考书。

图书在版编目（ＣＩＰ）数据

气动与液压技术 / 王俊洲，张晓娟，赵淑娟主编.
一成都：西南交通大学出版社，2015.1（2019.7 重印）
教育部提升专业服务能力项目 机电一体化技术专业
核心课程建设规划教材
ISBN 978-7-5643-3642-4

Ⅰ. ①气… Ⅱ. ①王… ②张… ③赵… Ⅲ. ①气压传动－高等职业教育－教材②液压传动－高等职业教育－教材 Ⅳ. ①TH138②TH137

中国版本图书馆 CIP 数据核字（2015）第 004770 号

教育部提升专业服务能力项目
机电一体化技术专业核心课程建设规划教材
气动与液压技术
主编　王俊洲　张晓娟　赵淑娟

责 任 编 辑	张华敏
特 邀 编 辑	唐建明　蒋雨杉
封 面 设 计	何东琳设计工作室
出 版 发 行	西南交通大学出版社 （四川省成都市二环路北一段 111 号 西南交通大学创新大厦 21 楼）
发行部电话	028-87600564　028-87600533
邮 政 编 码	610031
网　　　址	http://www.xnjdcbs.com
印　　　刷	成都勤德印务有限公司
成 品 尺 寸	185 mm × 260 mm
印　　　张	11
字　　　数	287 千
版　　　次	2015 年 1 月第 1 版
印　　　次	2019 年 7 月第 3 次
书　　　号	ISBN 978-7-5643-3642-4
定　　　价	33.00 元

课件咨询电话：028-87600533

前　言

随着经济建设的快速发展，我国已成为世界性的制造业大国。机电设备的生产制造及应用非常广泛。气压传动系统具有结构简单、造价低、易于控制的特点，特别是其适合在有毒有害、放射、易燃易爆等恶劣环境中工作。而液压系统在船舶、铸造等行业更是具有不可替代的作用。为了给机电行业培养更多的复合型高级技能型人才，我们根据教育部专业与课程改革要求，并广泛征求了企业、相关科研院所和已毕业的学生对本门课程的反馈意见，在既适应新技术的发展又满足教学要求的基础上，编写了本教材。

本教材具有以下特点：

1. 将气压传动技术和液压传动技术有机地融合在一起，降低了它的理论难度和学习难度。

2. 从理论上讲，气动技术和液压技术有许多共同的工作原理。但液压系统的泄露容易污染环境，不利于在实验室中做实验；而气动系统对环境影响小，便于在实验室中模拟控制系统，为了提高学生的实践动手能力，所以本教材以气压传动控制技术为主进行讲解，辅之以液压技术作为和气动技术的对照论述。这样做的优点在于既减少了重复又增加了对比，同时还增加了实践机会。

3. 以项目为导向，突出重点，重在提高学生的工程实践能力。在讲清传动系统和元件基本原理的基础上，正确应用气动与液压传动知识进行系统的分析、元件选型和设计。最后，要求学生完成相应的实践练习，独立完成项目分析、元件选型、设计、安装和调试。

4. 注重学生实践能力的培养和知识的巩固。在每个项目后都安排了技能训练。

5. 为了适应科技发展的需要，考虑到电子技术在气动和液压传动中的广泛应用，本书除了介绍普通元件和系统外，还增加了电气-气动控制的相关知识。

6. 本书所使用的名词术语、图形符号和单位都符合国家标准。

因本书由重庆工业职业技术学院的王俊洲、张晓娟、赵淑娟任主编，潘玲、黄伟、杨乐任副主编。另外，重庆工业职业技术学院自动化学院的领导及机电一体化教研室全体成员对本书的出版给予了大力支持和帮助，并提出了许多宝贵意见和建议，在此表示衷心的感谢。

在本书的编写过程中，我们还参考了相关领域专家及同行的部分著作和文献资料，在此也表示衷心的感谢。

由于编者水平有限，书中错误及疏漏之处在所难免，恳请广大读者批评指正。

编　者

2014 年 12 月

前 言

目　录

项目一 公共汽车车门开闭控制系统

☆ 项目描述

公共汽车穿梭于熙熙攘攘的城市中，承载着人们的往来。我们在乘坐公共汽车时，如果汽车到站，司机师傅会按下"开门"按钮，汽车车门就会开启；汽车离站时，司机会按下"关门"按钮，汽车车门就会关闭。城市公共汽车车门的开启与关闭一般有电动控制和气动控制两种方式。图1-1所示为公共汽车车门开、闭控制示意图，它由相应的机构拉、推车门，以便打开、关闭车门，该机构由一套气动系统驱动。这套气动系统通过公共汽车发动机驱动空气压缩机将空气压缩到储气罐中，在进行车门的开启、关闭时，利用储气罐内的压缩空气来实现对车门的打开和关闭动作。那么这套系统是由哪些部分组成的呢？它们是如何进行协调工作的呢？

图1-1 公共汽车车门开、闭系统图

☆ 项目教学目标

1. 知道气动系统的组成、工作原理、特点。
2. 熟悉空气的基本性质，会用气体的理想状态方程进行计算。
3. 熟悉空压机的分类、工作原理、特点。
4. 熟练掌握气源净化器件的结构、工作原理。
5. 懂得压缩空气管路系统的主要配置类型、布置原则。
6. 掌握直线运动气缸的种类、特点。
7. 掌握摆动气缸的种类、工作原理。
8. 掌握气动手指（气爪）的工作原理、组成。

任务 1　气动系统认知

【任务引入】

公共汽车在开门或关门的时候，我们都会听到"哧"的声响，这是压缩空气排入大气的声音。因为这套车门启闭系统是采用了气动系统，我们接触的大气到底有什么样的特性？空气压缩后又有怎样的特性？为什么压缩的空气才能驱动机构工作呢？我们下面进行介绍。

【任务分析】

公共汽车车门气动开、闭控制系统是根据气压原理制成的。在公共汽车车门上有一个铁盒子，里面有一个汽缸，气缸内的活塞在运行时会把缸内的气体排出气缸，这就是"哧"的一声的原因。气体是具有可压缩性的，压缩后的气体，体积减小、压强增大，具有高压的气体才能推动气缸活塞运动。为此，我们需要了解气压的相关知识。

【相关知识】

1.1　气动技术历史

- ✍ 2000 年前，希腊人 DSTESIBIOS 制造了一门空气弩炮，成为使用气动技术第一人。
- ✍ 公元一世纪出现了有关压缩空气作为能源应用的第一本书。
- ✍ 20 世纪中叶，气动技术开始在工业生产上实际应用并迅速推广。
- ✍ 20 世纪 60 年代，开始构成工业控制系统，气动技术脱离风动技术而自成体系。
- ✍ 20 世纪 70 年代，与电子技术结合，在自动化领域广泛推广。
- ✍ 20 世纪 80 年代，向集成化、微化化发展。
- ✍ 20 世纪 90 年代，向集成化、微型化、模块化、智能化方向发展。

1.2　气动技术的应用

- ✍ 在机床中用于送料、夹紧、定位、翻转、进给等工序。
- ✍ 在工程机械上用于混凝土搅拌、建筑机械。
- ✍ 在塑料机械上用于真空成型、吹瓶等。
- ✍ 在冶金工业，用于各种恶劣环境中。
- ✍ 在汽车制造行业，用于焊接生产线。
- ✍ 用在轻工机械的各种生产线上。
- ✍ 在电子、半导体制造行业，家用电器装配生产线上，用于抓起、升降、搬运等各种动作。
- ✍ 用在食品、医药、包装、印刷、焊接等行业上。

1.3　气压传动的工作原理及组成

1.3.1　气压传动的工作原理

气压传动的工作原理是：以压缩气体为工作介质，靠气体的压力传递动力信息的流体传动。传递动力的系统是将压缩气体经由管道和控制阀输送给气动执行元件，把压缩气体的压力转换为机械能而做功，见图 1-2。传递信息的系统是利用气动逻辑元件或射流元件以实现逻辑运算等功能，亦称气动控制系统。

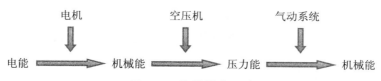

图 1-2 能量转化示意图

1.3.2 气压传动系统的组成

气压传动系统的组成如图 1-3 和图 1-4 所示。

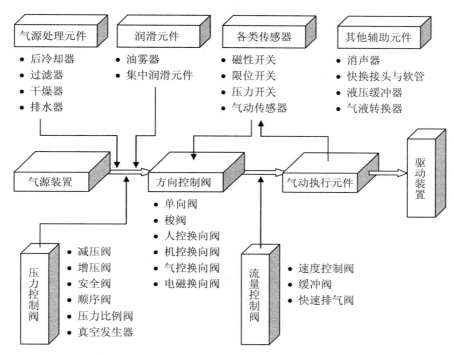

图 1-3 气动系统的基本组成框图

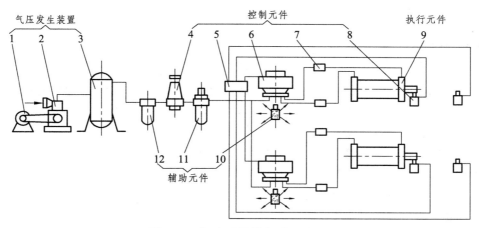

图 1-4 气动系统的组成示意图

1—电动机；2—空气压缩机；3—储气罐；4—压力控制阀；5—逻辑元件；6—方向控制阀；
7—流量控制阀；8—机控阀；9—气缸；10—消声器；11—油雾器；12—空气过滤器

- 气源装置：获得压缩空气的设备，空气净化设备，如空压机、空气干燥机等。
- 执行元件：将气体的压力能转换成机械能的装置，也是系统能量输出的装置，如气缸、气马达等。
- 控制元件：用以控制压缩空气的压力、流量、流动方向以及系统执行元件工作程序的元件，如压力阀、流量阀、方向阀和逻辑元件等。
- 辅助元件：起辅助作用，保证压缩空气的净化、元件的润滑、元件间的连接及消声等，如过滤器、油雾器、管件、消声器、散热器、冷却器、放大器等。

1.3.3　压缩空气产生系统

- 压缩机：常压下的空气被压缩并以较高的压力输送给气动系统，这样就能把机械能转变为气压能。
- 电动机：给压缩机提供机械能，它是把电能转变成机械能。
- 压力开关：将储气罐内的压力信号用来控制电动机，它被设定一个压力范围，达到压力上限就停止电动机，当储气罐内压力跌到压力下限就重新启动电动机，使空气压缩机工作，给储气罐充压。
- 单向阀：让压缩空气从压缩机进入储气罐，而阻止储气罐内的高压气体倒流回压缩机。
- 储气罐：储存压缩空气。它的尺寸大小由压缩机的容量来决定，储气罐的容积越大，压缩机运行时间间隔就越长。
- 压力表：显示储气罐内的压力。
- 自动排水器：无需人手操作，排掉凝结在储气罐下部的水。
- 安全阀：当储气罐内的压力超过允许限度，可将压缩空气排出，直到储气罐内的压力低于最高压力限度，起保护储气罐的作用。
- 冷冻式空气干燥器：将压缩空气制冷到零上若干度，使压缩空气中大部分的湿气凝结，这就免除了后面系统中的水分。
- 主管道过滤器：在主要管路中，主管道过滤器必须具有最小的压力降和油雾分离能力。它能滤除管道内的灰尘、水分和油污。

1.3.4　压缩空气消耗系统

- 压缩空气的输出：压缩空气要从主管道的顶部输出，以便残留的凝结水仍留在主管道中，当压缩空气到达低处时，水流到管道的下部，流入自动排水器中，这样就能将凝结水排除。
- 自动排水器：每一根下接管的末端都应有一个排水器，最有效的方法是用一个自动排水器，将留在管道内的水自动排除。
- 空气处理元件：使压缩空气保持清洁和合适的压力以及加润滑油到需要润滑的零件中，以延长这些零件的使用寿命。
- 执行元件：把压缩空气的压力能转变成机械能，可以是直线气缸，也可以是回转执行元件或气动马达等。
- 方向控制阀：通过对气缸两个接口交替的加压和排气，来控制气缸的运动方向。
- 速度控制阀：能简便实现执行元件的无级调速。

● 压力控制阀：能够调节进口压力的大小，使出口压力满足系统的需要。

1.4 气动系统的特点

1.4.1 优 点

① 空气可以从大气中取得，同时，用过的空气可直接排放到大气中去，处理方便，万一空气管路有泄漏，除引起部分功率损失外，不致产生不利于工作的严重影响，也不会污染环境。

② 空气的黏度很小，在管道中的压力损失较小，因此压缩空气便于集中供应（空压站）和远距离输送。

③ 因压缩空气的工作压力较低（一般为 0.3 ~ 0.8 MPa），因此，对气动元件的材料和制造精度上的要求较低。

④ 气动系统维护简单，管道不易堵塞，也不存在介质变质、补充、更换等问题。

⑤ 使用安全，没有防爆的问题，并且便于实现过载自动保护。

1.4.2 缺 点

① 气动装置中的信号传递速度较慢，仅限于声速的范围内，所以气动技术不宜用于信号传递速度要求十分高的复杂线路中，同时，实现生产过程的远距离控制也比较困难。

② 由于空气具有可压缩的特性，因而运动速度的稳定性较差。

③ 因为工作压力较低，又因结构尺寸不宜过大，因而气压传动装置的总推力很小。

④ 目前气压传动的传动效率较低。

1.5 气动技术的发展趋势

① 电气一体化：微电子技术与气动元件相结合组成了 PC 机—接口—小型阀—气缸的电气一体化的气动系统；同时，与电子技术相结合的自适应控制气动元件已经问世，如压力比例阀、流量比例阀等，使气动技术从以往的开关控制到高精度的反馈控制，使定位精度提高到 ± 0.1 ~ 0.01。电气一体化已经渗透到工厂本身的加工、装配、检测等生产领域。

② 小型化、轻量化：由于气动技术在电子行业、工业自动化等领域的应用，气动元件必须小型化和轻量化。各种新技术、新材料的应用，使气动元件实现了小型化和轻量化。

③ 复合集成化：为了节省空间、减少配管、简化装配、提高效率，多功能复合化和集成化的元件相继出现，例如：将所需数目的阀配置在集成板上，带阀气缸等。

④ 无油化：为适应食品、医药、电子、纺织等行业的无污染要求，预先添加润滑脂的不供油润滑元件大量问世；同时，正在开发用自润滑材料制造、无需添加润滑脂就能工作的无油润滑元件。

⑤ 低功率：为了与微机、程序控制器直接连用，电磁阀必须实现低功率化。目前，电磁阀的功率已降至 1 W，甚至 0.5 W。

⑥ 高精度：位置控制精度已由过去的 1 mm 级提高到 ± 0.1 mm。

⑦ 高质量：由于新材料、新技术的应用及加工工艺水平的提高，电磁阀的寿命可达 3 000 万次以上，气缸运行耐久性已达 2 000 ~ 6 000 km。

⑧ 高速度：提高电磁阀的工作频率和气缸速度对提高生产效率有着重要意义。电磁阀工作频率可达 25 Hz，气缸速度从 1 m/s 提高到 3 m/s。

⑨ 高出力：采用杠杆式扩力机构或气液增压器，可使输出力增大几倍至几十倍。

1.6　空气的基本性质

在气压传动与控制系统中，工作介质是压缩空气，所以我们要了解一下空气的物理性质。

1.6.1　空气的组成

在地球表面存在一个大气层。大气层重量压在海平面上，在单位面积上所受的力称为"大气压力"。把高于大气压力的压力称为"空气压"。

自然界的空气由若干种气体混合而成，如表 1-1 所示。

表 1-1　空气的组成

成分	氮（N_2）	氧（O_2）	氩（Ar）	二氧化碳（CO_2）	氢（H_2）	其他气体
体积分数（%）	78.03	20.95	0.93	0.03	0.01	0.05

1.6.2　空气的基本状态参数

（1）空气的密度

单位体积内所含气体的质量称为密度，用 ρ 表示，即：

$$\rho = m/V \tag{1-1}$$

式中，ρ 是空气密度，单位是 kg/m^3；m 是空气的质量，单位是 kg；V 是空气的体积，单位是 m^3。

（2）空气的压力

压力是由气体分子热运动而相互碰撞，在容器的单位面积上产生的力的统计平均值，用 p 表示。

压力的法定计量单位是 Pa，较大的压力单位用 kPa（$1\ kPa = 1 \times 10^3\ Pa$）或 MPa（$1\ MPa = 1 \times 10^6\ Pa$），工程中常用巴：bar（$kgf/cm^2$）。各种压力单位的换算如表 1-2 所示。

表 1-2　各种压力单位换算

单　位	Pa	bar	mmHg	mmH_2O
Pa（N/m^2），帕	1	10^5	7.5×10^{-3}	0.102
bar，巴	10^5	1	750	1.02×10^4
mmHg，毫米汞柱	133.3	1.33×10^{-3}	1	13.6
mmH_2O，毫米水柱	9.81	9.81×10^{-5}	7.36×10^{-2}	1

注：760 mmHg 称为一个物理大气压。

为了确保标准大气压是一个定值，1954 年第十届国际计量大会决议声明，规定标准大气压值为：

$$1 标准大气压 = 1.01325 \times 10^5 \, Pa$$

对于湿空气来说，根据道尔顿定律，湿空气的压力应为干空气的分压力与水蒸气的分压力之和，即：

$$p = p_干 + p_湿 \tag{1-2}$$

式中，p 为湿空气的压力，$p_干$ 是干空气的分压力，$p_湿$ 是湿空气中水蒸气的分压力，单位都是 Pa。

压力可用绝对压力、表压力和真空度来度量。

● 绝对压力：以绝对真空作为基准所计的压力。一般需在表示绝对压力的符号的右下角标注 "ABS"，即 p_{ABS}。

● 相对压力：以大气压力作为基准所计的压力，由于大多数测压仪所测得的压力都是相对压力，故相对压力也称为表压力（表压）。

● 真空度：当某点的绝对压力小于大气压时，则将在这点上的绝对压力比大气压力小的那部分数值叫做真空度。真空度 = 大气压 – 绝对压力。

● 真空压力：绝对压力与大气压力之差。真空压力在数值上与真空度相同，但应在其数值前加负号。真空压力 = 绝对压力 – 大气压。

绝对压力、表压力和真空度的相互关系如图 1-5 所示。

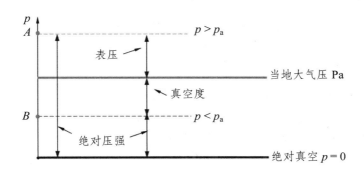

图 1-5　绝对压力、表压力和真空度的相互关系图

当 $p > p_a$ 时：相对压力（表压）= 绝对压力 – 当地大气压。

当 $p < p_a$ 时：相对压力（真空度）= 当地大气压 – 绝对压力。

在工程计算中，常将当地大气压用标准大气压力代替，即令 $p_a = 101\,325 \, Pa$。

（3）温度 T

温度表示气体分子热运动动能的统计平均值，有热力学温度、摄氏温度、华氏温度等。

热力学温度用符号 T 表示，其单位名称为开（尔文），单位符号为 K。

摄氏温度用符号 t 表示，其单位名称为摄氏度，单位符号为 ℃。摄氏温度与热力学温度的关系如下式表示：

$$t = T - 273.15 \tag{1-3}$$

华氏温度用符号 θ 表示，其单位名称为华氏度，单位符号为 ℉。华氏温度和摄氏温度的关系如下式表示：

$$\theta = 1.8 \times t + 32 \tag{1-4}$$

1.6.3 空气的压缩性

一定质量的静止气体，由于压力改变而导致气体所占容积发生变化的现象，称为气体的压缩性。由于气体比液体容易压缩，故液体常被当做不可压缩流体，而气体常被称为可压缩流体。气体容易压缩，有利于气体的贮存，但难以实现气缸的平稳运动和低速运动。

1.6.4 空气的黏性

气体在流动过程中产生内摩擦力的性质称为黏性，表示黏性大小的量称为黏度。空气黏度随温度的变化而变化，温度越高，黏度越大。

1.6.5 空气的湿度

空气的湿度，表示大气干燥程度的物理量。在一定的温度下，在一定体积内的空气里含有的水汽越少，则空气越干燥；水汽越多，则空气越潮湿。空气的干湿程度叫做"湿度"。常用绝对湿度、相对湿度及露点等物理量来表示。

（1）绝对湿度

每立方米湿空气中含有的水蒸气的质量，称为绝对湿度。也就是湿空气的水蒸气密度，用 X 表示，即

$$X = m_水 / V \tag{1-5}$$

式中，X 为绝对湿度，单位是 kg/m^3；$m_水$ 为水蒸气质量，单位是 kg；V 为湿空气体积，单位是 m^3。

湿空气是干空气和水蒸气的混合气体，湿空气中水蒸气的含量是有极限的。在一定温度和压力下，空气中所含水蒸气达到最大可能的含量时，这时的空气叫饱和空气。饱和空气所处的状态叫饱和状态。

（2）相对湿度

每立方米湿空气中，水蒸气的实际含量（即未饱和空气的水蒸气密度）与同温度下最大可能的水蒸气含量（即饱和水蒸气密度）之比称为相对湿度，用 ϕ 表示，即：

$$\phi = \frac{X}{X_饱} \times 100\% = \frac{\rho_{未饱}}{\rho_饱} \times 100\% \tag{1-6}$$

（3）露点

未饱和空气，保持水蒸气分压力不变而降低温度，使之达到饱和状态时的温度称为露点。温度降至露点以下，湿空气中便有水滴析出。降温法清除湿空气中的水分，就是利用这个原理。

表 1-3 所示为绝对压力在 0.1013 MPa 下，饱和空气中水蒸气的分压力、饱和绝对湿度和温度的关系。

表 1-3   饱和空气中水蒸气的分压力、饱和绝对湿度和温度的关系

温度 $t/°C$	饱和水蒸气分压力 p_b/MPa	饱和绝对湿度 $X_b/(g/m^3)$	温度 $t/°C$	饱和水蒸气分压力 p_b/MPa	饱和绝对湿度 $X_b/(g/m^3)$	温度 $t/°C$	饱和水蒸气分压力 p_b/MPa	饱和绝对湿度 $X_b/(g/m^3)$
100	0.1013	—	29	0.004	28.7	13	0.0015	11.3
80	0.0473	290.8	28	0.0038	27.2	12	0.0014	10.6
70	0.0312	197.0	27	0.0036	25.7	11	0.0013	10.0
60	0.0199	129.8	26	0.0034	24.3	10	0.0012	9.4
50	0.0123	82.9	25	0.0032	23.0	8	0.0011	8.27
40	0.0074	51.0	24	0.0030	21.8	6	0.0009	7.26
39	0.0070	48.5	23	0.0028	20.6	4	0.0008	6.14
38	0.0066	46.1	22	0.0026	19.4	2	0.0007	5.56
37	0.0063	43.8	21	0.0025	18.3	0	0.0006	4.85
36	0.0059	41.6	20	0.0023	17.3	−2	0.0005	4.22
35	0.0056	39.5	19	0.0022	16.3	−4	0.0004	3.66
34	0.0053	37.5	18	0.0021	15.4	−6	0.00037	3.16
33	0.0050	25.6	17	0.0019	14.5	−8	0.0003	2.73
32	0.0048	33.8	16	0.0018	13.6	−10	0.00026	2.25
31	0.0045	32.0	15	0.0017	12.8	−16	0.00015	1.48
30	0.0042	30.3	14	0.0016	12.1	−20	0.0001	1.07

    例 1 $10\ m^3$ 的大气，温度为 $10\ °C$ 时，相对湿度为 65%，被压缩为 $6 \times 10^5\ Pa$ 表压力，温度运行升高到 $25\ °C$，问将有多少水凝结出来？（当地的大气压为 $1.013 \times 10^5\ Pa$；$25\ °C$ 时，饱和绝对湿度为 $23\ g/m^3$；$40\ °C$ 时，饱和绝对湿度为 $51\ g/m^3$）

    解 $10\ °C$ 时（在 $10\ °C$ 时，从表 1-3 查得：饱和绝对湿度为 $9.4\ g/m^3$），$10\ m^3$ 空气中最多含水分：$9.4 \times 10 = 94$（g）

    $10\ m^3$ 空气中实际含水量为：$94 \times 0.65 = 61.1$（g）。

    压缩到 $6 \times 10^5\ Pa$ 表压力后的体积 V_2 为：

$$p_1 V_1 = p_2 V_2$$

$$V_2 = \frac{p_1}{p_2} V_1$$

即：
$$V_2 = \frac{1.013 \times 10^5\ Pa}{(6+1.013) \times 10^5\ Pa} \times 10\ m^3 = 1.44\ m^3$$

    $1.44\ m^3$ 空气在 $25\ °C$ 时的最大含水量为：$23\ g \times 1.44 = 33.12$ (g)。

    压缩后，从空气中析出的水分为：$61.1 - 33.12 = 27.98$ (g)。

所以，将有 27.98 g 水被凝结出来。

1.6.6　标准状态和基准状态

标准状态：指温度为 20 °C、相对湿度为 65%、压力为 0.1 MPa 时的空气状态。在标准状态下，空气的密度 $\rho = 1.185 \ \text{kg} / \text{m}^3$。

基准状态：指温度为 0 °C、压力为 101.3 kPa 的干空气的状态。在基准状态下，空气的密度 $\rho = 1.293 \ \text{kg} / \text{m}^3$。

1.7　理想气体状态方程

理想气体是指没有黏性的气体，理想气体的状态见表 1-4。

表 1-4　理想气体的状态

名　称	适用条件	数学表达式	说　明
理想气体状态方程	一定质量的理想气体在状态变化的某一稳定瞬时，压力和体积的乘积与其绝对温度之比不变	$\dfrac{pV}{T} = $ 常数 $pv = RT$ $\dfrac{p}{\rho} = RT$	p——绝对压力（N/m^3） V——气体体积（m^3） v——质量体积（m^3/kg） ρ——气体密度（kg/m^3） T——热力学温度（K） R——气体常数 干空气 $R = 287.1 \ \text{J/(kg·K)}$
等容过程	容积不变	$\dfrac{p}{T} = $ 常数 $\dfrac{p_1}{T_1} = \dfrac{p_2}{T_2}$	气体状态变化时，其压力 p 与热力学温度 T 成正比
等压过程	压力不变	$\dfrac{V}{T} = $ 常数 $\dfrac{V_1}{T_1} = \dfrac{V_2}{T_2}$	气体状态变化时，其体积 V 与热力学温度 T 成正比
等温过程	温度不变	$pV = $ 常数 $p_1 V_1 = p_2 V_2$	气体状态变化时，其压力 p 与体积 V 成反比
绝热过程	与外界无热交换	$\dfrac{p}{\rho^k} = $ 常数 $\dfrac{p_1}{p_2} = \left(\dfrac{\rho_1}{\rho_2}\right)^k$ $\dfrac{p_1}{p_2} = \left(\dfrac{T_1}{T_2}\right)^{\frac{k}{k-1}}$ $\dfrac{\rho_1}{\rho_2} = \left(\dfrac{T_1}{T_2}\right)^{\frac{k}{k-1}}$	k——绝热指数 对于空气 $k = 1.4$
多变过程	气体按其中间过程变化	$\dfrac{p}{p^n} = $ 常数 $\dfrac{p_1}{p_2} = \left(\dfrac{T_1}{T_2}\right)^{\frac{n}{n-1}}$ $\dfrac{\rho_1}{\rho_2} = \left(\dfrac{T_1}{T_2}\right)^{\frac{n}{n-1}}$	n——多变指数 绝热过程 $n = k$ 等温过程 $n = 1$ 等压过程 $n = 0$ 等容过程 $n = \infty$

1.8　气体的流动规律

1.8.1　气体流动的基本方程

（1）连续性方程

根据质量守恒定律，气体在管道内做定常流动时，通过流管任意截面的气体质量、流量都相等，即：

$$\rho_1 v_1 A_1 = \rho_2 v_2 A_2 \tag{1-7}$$

式中：ρ 为空气的密度（kg/m³）；v 为气体的运动速度（m/s）；A 为流管的截面积（m²）。

（2）伯努利方程

水平流动的流体流过管径不同的管道时，如图1-6所示，在点1和点2的总能量相同。总能量 = 压力能 + 动能，即：

$$p_1 + \frac{1}{2}\rho v_1^2 = p_2 + \frac{1}{2}\rho v_2^2 \tag{1-8}$$

注：若流速不超过330 m/s时，此方程对气体也适用。

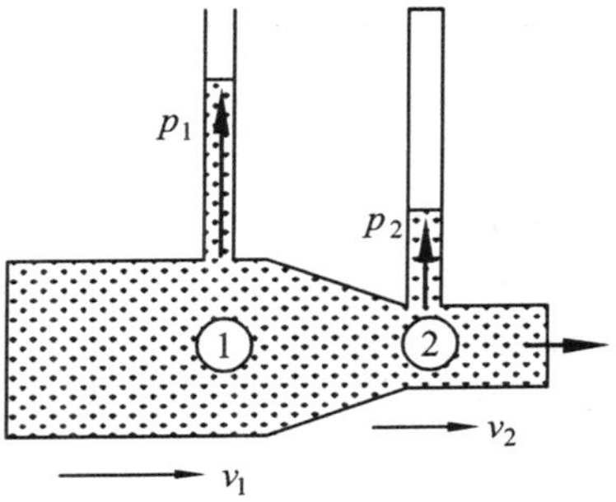

1.8.2　声速与马赫

（1）声速

我们可以认为声波的传播过程是可逆的绝热过程，即存在关系式 $\dfrac{p}{\rho^k}$ = 常数，则：

$$\frac{\mathrm{d}p}{\mathrm{d}\rho} = k\frac{p}{\rho} = kRT$$

则有

$$c = \sqrt{k\frac{p}{\rho}} = \sqrt{kRT} \tag{1-9}$$

$p_1 > p_2$，$v_1 < v_2$（v_1、v_2 为流体速度）

图1-6　流体伯努利方程的工作原理示意图

式中：k 为绝热指数；R 为气体常数；p 为绝对压力（N/m³）；ρ 为气体密度（kg/m³）；T 为热力学温度（K）；c 为当地音速。

可见，声速与当地绝对温度有关。

（2）马赫数

马赫数是流体的流动速度 v 与当地音速 c 的比值，即：

$$M_a = \frac{v}{c} \tag{1-10}$$

当 $v < c$、$M_a < 1$ 时为亚声速流动；当 $v > c$、$M_a > 1$ 时为超声速流动；当 $v = c$、$M_a = 1$ 时速流动，即临界状态流动。

1.8.3　气体在管道中的流动速度

动时的马赫数 $M_a < 0.2 \sim 0.3$，我们可以当作不可压缩流动；当空气在管道中做高速流动

时，空气的密度和温度都会发生较明显的变化，这种空气密度明显变化的流动称为可压缩流动。它与不可压缩流动有许多不同之处。

气体在管道中的流动速度见表 1-5。

表 1-5　气体在管道中的流动速度

状　　态	管道示意图	流动情况
亚声速（ $M_a < 1$ ）	v_1 →〔a〕→ v_2	$v_2 < v_1$ ，情况 a
		$v_2 > v_1$ ，情况 b
超声速（ $M_a > 1$ ）	v_1 →〔b〕→ v_2	$v_2 > v_1$ ，情况 a
		$v_2 < v_1$ ，情况 b
声速（ $M_a = 1$ ）	v_1 →〔a〕→ v_2	$v_2 = v_1$

1.9　气体的充放特性

1.9.1　绝热充气

充气过程进行较快，热量来不及通过气罐与外界交换，这种充气过程称为绝热充气。

气罐充气时，气罐内压力从 p_1 升高到 p_2 ，温度由原来的室温 T_1 升高到 T_2 。充气结束后，由于气罐壁散热，使罐内温度下降到室温，压力也随之降低，降低后的压力值由等容方程有：

$$p = \frac{p_2 \times T_1}{T_2}$$

（1-11

1.9.2　绝热放气

在气罐放气时，也可以看成绝热放气过程，气罐内初始压力为 p_1 ，温度为室温 T_1 ，气的气体通过气阀向外放气。

绝热过程快速放气后，气体压力降为 p_2 ，温度降到 T_2 ；关闭气阀停止放气，气罐内升到室温 T_1 ，此时，气罐内压力会上升到 p 。

任务 2　气源装置的组建

【任务引入】

气动系统使用压缩空气作为工作介质。在企业中，一般以空气压缩站方式集供气。那么，自由空气到底是怎样被转化为压缩空气的呢？

压缩好的空气是含有水分和杂质的，在进入气动系统前，必须经过过滤、则压缩空气中的水分、杂质将影响气动系统的正常工作。那么，什么样的气样的任务呢？

最后，我们如何把这些气源设备、气源处理元件连接成一个有机的整一定压力的压缩空气呢?

【任务分析】

产生、处理和储存压缩空气的设备称为气源设备,由气源设备组成的系统称为气源系统。气源系统将自由空气转变为气动系统可以使用的压缩空气主要依靠空气压缩机和相应的气源处理设备。

压缩空气中含有大量的水分、油分和粉尘等杂质,经过初步处理后,因压缩空气的温度高、压力高,含有较多的高压水蒸气,还需要经过进一步的过滤、除尘等,才能运用到具体机械设备的气动系统中,通常需要用到许多气动辅助元件,比如过滤器、油雾器、消声器等。这就要求我们熟悉气源处理元件,并且能够正确选用它们。

管道和管接头是气动系统的动脉,将气动元件和辅助元件连接起来,通过管道和管接头将压缩空气输送到各个气动装置。在气动系统设计中,管道和管接头往往最容易被忽视,它的设计以及施工的好坏直接影响整个系统的运行,比如密封不好就会造成能源浪费,严重的会影响控制元件、执行元件等的动作。

【相关知识】

2.1　空气压缩机

空气压缩机(简称"空压机")是气源装置中的主体,它是将原动机(通常是电动机)的机械能转换成气体压力能的装置,是压缩空气的气压发生装置。常见的空压机有活塞式空压机(见图1-7)、叶片式空压机和螺杆式空压机(见图1-8)三种。

图1-7　活塞式空气压缩机

图1-8　螺杆式空气压缩机

2.1.1　活塞式空压机

(1)单级活塞式空压机

图1-9所示为单级活塞式空压机的工作原理示意图。在气缸内做往复运动的活塞向右移动气缸内活塞左腔的压力低于大气压力,吸气阀开启,外界空气吸入缸内,这个过程称为吸程。当气缸内的活塞向左移动时,吸气阀关闭,活塞压缩左腔内的空气,气压开始升高,过程成为压缩过程。当缸内压力高于输出空气管道内压力后,排气阀打开,压缩空气送至管内,这个过程称为排气过程。活塞的往复运动是由电动机带动曲柄滑块机构形成的,由

曲柄的旋转运动转换为滑块—活塞的往复运动。

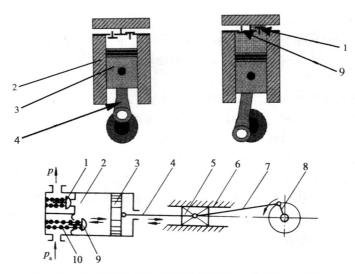

图 1-9　单级活塞式空压机的结构及工作原理示意图

1—排气阀；2—气缸；3—活塞；4—活塞杆；5—滑块；6—滑道；7—连杆；
8—曲柄；9—吸气阀；10—阀门弹簧

　　这种结构的压缩机在排气过程结束时总有剩余容积存在。在下一次吸气时，剩余容积内的压缩空气会膨胀，从而减少了吸入的空气量，降低了效率，增加了压缩功。且由于剩余容积的存在，当压缩比增大时，温度会急剧升高。故当输出压力较高时，应采取分级压缩。分级压缩可降低排气温度，节省压缩功，提高容积效率，增加压缩气体排气量。

（2）两级活塞式压缩机

　　图 1-10 所示为两级活塞式空压机的工作原理示意图。如图所示，空气经低压缸后压力由 p_1 提高至 p_2，温度由 T_1 升至 T_2；然后流入中间冷却器，在等压下对冷却水放热，温度降为 T_1；再经高压缸压缩到所需要的压力 p_3。可见，分级压缩可降低排气温度，节省压缩功，提高效率。

　　活塞式空压机的优点是：结构简单，使用寿命长，并且容易实现大容量和高压输出。缺点是：震动大，噪声大，且因为排气为断续进行，输出有脉动，需要储气罐。

2.1.2　叶片式空压机

　　叶片式空压机的工作原理如图 1-11 所示。其转子偏心安装在定子（机体）内，叶片插在转子的放射状槽内，叶片能在槽内滑动。当转子顺时针旋转时，左半周叶片空间逐渐增大吸气；右半周叶片、转子和机体内壁构成的容积空间在转子回转过由此从进气口吸入的空气就逐渐被压缩排出。在转子回转过程中不需要像活塞

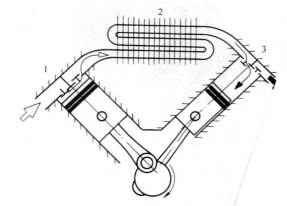

图 1-10　两级活塞式压缩机的工作原

1—1 级活塞；2—中间冷却器；3—2

的吸气阀和排气阀。在转子的每一次回转中，将根据叶片的数目多次进行吸气、压缩和排气，所以输出压力的脉动较小。

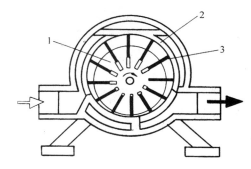

图 1-11 叶片式空压机的工作原理示意图
1—转子；2—定子；3—叶片

通常情况下，叶片式空压机需采用润滑油对叶片、转子和机体内部进行润滑、冷却和密封，所以排出的压缩空气中含有大量的油分。因此，在排气口需要安装油气分离器和冷却器，以便把油分从压缩空气中分离出来进行冷却并循环使用。

通常所说的无油空压机，是采用石墨或有机合成材料等自润滑材料作为叶片材料。运转时无需添加任何润滑油，压缩空气不被污染，满足了无油化的要求。

此外，在进气口设置空气流量调节阀，根据排出气体压力的变化自动调节流量，使输出压力保持恒定。

叶片式空压机的优点是能连续排出脉动小的、额定压力的压缩空气，所以一般无需设置储气罐，并且结构简单、制造容易、操作维修方便，运转噪声小。缺点是叶片、转子和机体之间机械摩擦较大，产出较高的能量损失，因而效率低。

2.1.3 螺杆式空压机

螺杆式空气压缩机的工作原理示意图如图 1-12 所示。其中，由电动机带动两个啮合的螺旋转子以相反方向运动，它们当中自由空间的容积沿轴向减少，从而压缩两转子间的空气。利用喷油来润滑密封的两旋转螺杆，由分离器将油与输出空气分开。

此类空气压缩机可连续输出流量可超过 400 m³/min，压力高达 10 bar。

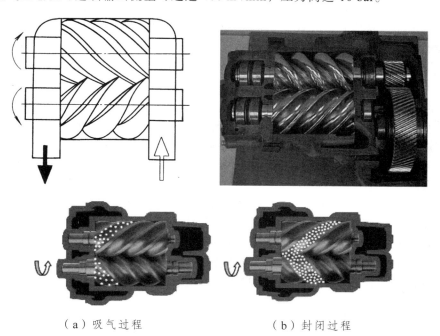

（a）吸气过程　　　　　　　　　　（b）封闭过程

（c）压缩过程　　　　　　　　　　（d）排气过程

图 1-12　螺杆式空压机的工作原理示意图

和叶片式压缩机相比，此类压缩机能输送出连续的、无脉动的压缩空气。虽然螺杆式和叶片式压缩机越来越受青睐，但目前工业上最普遍使用的仍然是往复式的活塞式压缩机。

2.1.4　空压机的使用注意事项

① 空压机的安装位置：空压机的安装地点必须清洁，无粉尘、通风好、湿度小、温度低且要留有维护保养空间，所以一般要安装在专用机房内。

② 噪声：空压机一运转即产生噪声。必须考虑噪声的防治，如设置隔声罩、设置消声器、选择噪声较低的空压机等。一般而言，螺杆式空压机的噪声较小。

③ 使用专用润滑油并定期更换，启动前应检查润滑油位，并用手拉动传动带使机轴转动几圈，以保证启动时的润滑。启动前和停车后都应及时排除空压机气罐中的水分。

2.2　气源净化及气源净化装置

2.2.1　气源的净化

在气源装置中使用的空压机一般为低压活塞式，此类空压机需用油润滑。由空压机排出的压缩空气温度很高（在 140~170 ℃ 之间），因此使部分润滑油及空气中的水分汽化；再加上从空气中吸入的灰尘，就形成了由油气、水蒸气和灰尘混合而成的杂质。这些杂质若被带进气动系统中，就会产生下述极坏的影响：

① 油汽聚集在气罐内，形成易燃物甚至形成爆炸混合物；同时油分被高温汽化后会形成一种有机酸，对金属设备有腐蚀作用。

② 由水、油、灰尘形成的混合物沉积在管道内或元件中，使流通面积减少，增大了气流阻力或者造成堵塞，致使整个系统工作不稳定甚至控制失灵。

③ 在冰冻季节，会使管道及附件因冻结而损坏，或使气路不畅，或产生误动作。

④ 灰尘等固体杂质会引起气缸、马达、阀等相对运动表面间的严重磨损，从而破坏密封，增加泄露，降低设备的使用寿命。

所以，从空压机输出的压缩空气到达各用气设备之前，必须将压缩空气中含有的大量水分、油分及灰尘杂质等除去，以得到适当的压缩空气质量，避免它们对气动系统的正常工作造成危害，并且用减压阀调节系统所需压力以得到适当输出力。在必要的情况下，使用油雾器使润滑油雾化并混入压缩空气中润滑气动元件，降低磨损，提高元件寿命。

主要的净化过程有：除水过程、过滤过程、调压过程、润滑过程。

2.2.2　气源净化装置

气源的净化方法及设备有多种类型。下面介绍几种常用的气源净化装置，包括：后冷却器、油水分离器、储气罐、空气干燥器、过滤器、油雾器。

（1）后冷却器

空压机输出的压缩空气温度高达 120～180 ℃，在此温度下，空气中的水分完全呈气态。后冷却器的作用就是将空压机出口的高温压缩空气冷却到 40 ℃，并使其中的水蒸气和油雾冷凝成水滴和油滴，以便将其清除。

后冷却器有风冷式和水冷式两大类，且都已形成系列产品。

a. 风冷式后冷却器

风冷式后冷却器的工作原理见图 1-13。从空压机排出的压缩空气进入冷却器后，经过较长而且多弯曲的管道进行冷却后从出口排出。为了增强散热效果，压缩空气从切向进入冷却器。

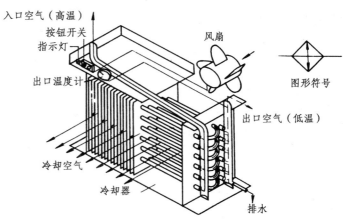

冷却器将空气冷却到比冷却媒介高 10～15 ℃。气动系统控制和操作元件的温度通常为室温（大约 20 ℃）。但是，离开后冷却器的空气温度比管道输送的环境温度高，在输送的过程中将进一步冷却压缩空气，还有水蒸气凝结成水。

b. 水冷式后冷却器

水冷式后冷却器的工作原理如图 1-14 所示。水冷式是通过强迫冷

图 1-13　风冷式后冷却器

却水沿压缩空气流动的反方向流动来进行冷却。冷却器的壳体是个高压容器，在壳体内排布有冷却水管，水管外壁装金属翅片，以增强冷却效果。在冷却过程中产生的冷凝水通过排水器排出。在此种冷却器上应安装安全阀、压力表，最好还要安装检测水和空气温度的温度计。水冷式后冷却器适用的进口压缩空气的最高温度为 180～200 ℃，压力为 0.8～1 MPa。冷却后出口压缩空气的温度比冷却水温度最多高出约 10 ℃。

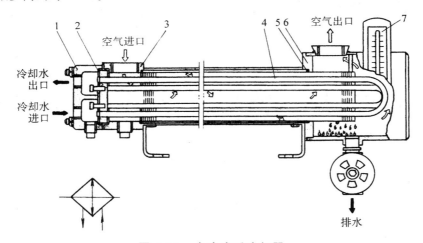

图 1-14　水冷式后冷却器

1—水室盖；2、5—垫圈；3—外筒；4—带散热片的管束；6—气室盖；7—出口温度计

（2）油水分离器

作用：分离压缩空气中凝聚的水分、油分和灰尘等杂质，使压缩空气得到初步净化。

其结构型式有环形回转式、撞击并折回式、离心旋转式、水浴式及各种型式的组合使用等。

a. 撞击和环形回转式油水分离器

经常采用的是使气流撞击并产生环形回转流动的油水分离器，其结构如图 1-15 所示。

其工作原理是：当压缩空气由进气管 4 进入分离器壳体以后，气流先受到隔板 2 的阻挡，被撞击而折回向下（高速流动的气体遇到阻挡，速度立即降为零，产生瞬间高压，在高压的情况下将会有一部分油、水析出，沿着隔板 2 流到壳体底部）；之后又回旋上升并产生环形回转（见图中箭头所示流向），最后从输出管 3 排出。与此同时，在压缩空气中凝聚的水滴、油滴等杂质，受惯性力的作用而分离析出，沉降于壳体底部，由放油、水阀 6 定期排出。橱板 5 像一个箅子，油滴、水滴可以通过橱板 5 的空隙流到壳体底部，同时橱板 5 也阻挡了回旋气流把壳体底部的油、水再次带入空气中。

为提高油水分离的效果，气流回转后上升的速度不能太快，一般不超过 1 m/s。通常油水分离器的高度 H 为其内径 D 的 3.5~5 倍。

b. 水浴并旋转离心式油水分离器

其结构如图 1-16 所示。其工作原理是：压缩空气从管道进入分离器底部，经水洗后（水洗过程中会去除一部分杂质和油分），沿 45° 切向进入下一个容器，产生强烈的旋转，使压缩空气中的水滴、油滴等杂质在惯性力作用下被分离出来而沉降到容器底部，再由排污阀定期排出。

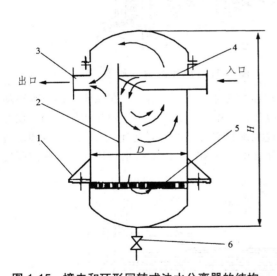

图 1-15　撞击和环形回转式油水分离器的结构　　图 1-16　水浴并旋转离心式油水分离器的结构

1—支架；2—隔板；3—输出管；4—进气管；
5—橱板；6—放油水阀

在气源系统中，油水分离器最好设置两套替换使用，以便排除污物和清洗。

（3）储气罐

储气罐有卧式和立式之分，它是钢板焊接制成的压力容器，水平或垂直地安装在后冷却器后面来储存压缩空气，因此可以减少空气流的脉动。

a. 储气罐的作用

① 储存一定数量的压缩空气，同时也是应急动力源，以解决空压机的输出气量和气动设

备的耗气量之间的不平衡。尽可能减少压缩机经常发生的"满载"与"空载"现象。

② 消除空压机排气的压力脉动，保证输出气流的连续性和平稳性。

③ 进一步分离压缩空气中的油、水、灰尘等杂质。

b. 储气罐的结构

储气罐一般多采用焊接结构，以立式居多，其结构形式见图1-17。

储气罐的高度一般为其内径的 2~3 倍。进气口在下，出气口在上，并尽可能加大两管口之间的距离，以利于充分分离空气中的杂质。罐上设安全阀1，其调整压力为工作压力的110%；装设压力表2指示罐内压力；设置人（手）孔 3，以便清理检查内部；底部设排放油、水的接管和阀门4。储气罐最好放置于荫凉处。

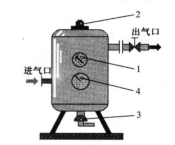

图 1-17　立式储气罐的结构
1—压力表；2—安全阀；3—阀门；
4—人（手）孔

c. 计算选择储气罐大小

储气罐的尺寸大小根据压缩机的输出量、系统的尺寸大小以及对未来需求变化的预测来确定。

对工厂来说，计算储气罐尺寸的原则是：储气罐容量≈压缩机每分钟压缩空气的输出量。

例 2　现有一空压机，平均用气量为 18 m³/min（一个大气压下的自由空气），空压机输出的平均压力为 7×10⁵ Pa，问：选择多大容积的储气罐合适？（上述的平均压力一般是指"表"压力，它不包括大气压力，计算时压力值=平均压力+大气压力）

解　空压机每分钟的输出量 V 是：

$$V = \frac{18 \times 1000}{7+1} \approx 2\ 250\ (\text{L})$$

所以，选择容积为2250 L 的储气罐合适。

（4）空气干燥器

空气干燥器是压缩空气的除水装置。它吸收和排除压缩空气中的水分和部分油分与杂质，使湿空气变成干空气。其干燥空气的方法是降低露点（空气中的水蒸气变为露珠的时候的温度叫做露点）。达到露点这个温度，空气中的湿空气达到饱和（即 100% 相对湿度）。露点越低，留在压缩空气中的水分就越少。

空气干燥器的主要型式有：吸收式、吸附式、冷冻式。

a. 吸收式干燥器

吸收式干燥器的工作原理如图 1-18 所示。吸收式干燥法是一个纯化学过程。干燥剂的化学物质通常用氯化钠、氯化钙、氯化镁、氯化锂等。因为化学物质是会慢慢用尽的。因此，干燥剂必须在一定的时间内进行更换。

这种方法的主要优点是它的基本建设和操作费用都较低。但进口温度不得超过 30 ℃，其中干燥剂的化学物质具有较强的腐蚀性，必须仔细检查滤清，以防止腐蚀性的雾气进入气动系统中。

b. 吸附式干燥器

吸附式干燥器的工作原理如图 1-19 所示。吸附式干燥法就是利用具有吸附性能的吸附剂（如硅胶、铝胶或分子筛等）来吸附水分而达到干燥的目的。

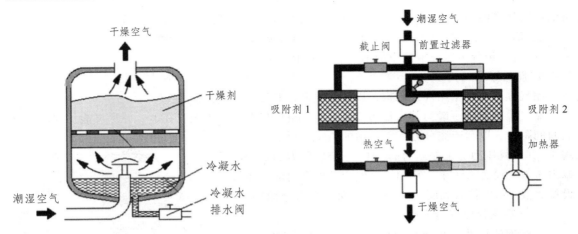

图 1-18 吸收干燥器的工作原理示意图   图 1-19 吸附式干燥器的工作原理示意图

c. 冷冻式干燥器

冷冻式干燥器的工作原理如图 1-20 所示。采用冷冻的方法，就是利用制冷设备使空气冷却到露点温度，析出空气中超过饱和水蒸气分压部分的多余水分，从而达到所需要的干燥程度。

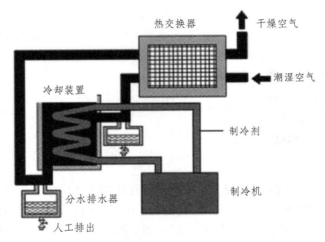

图 1-20 冷冻式干燥器的工作原理示意图

（5）过滤器

作用：滤除压缩空气中的杂质微粒，使其达到气动系统所要求的净化程度。

过滤器如图 1-21 所示。其工作原理是：压缩空气由输入口进入过滤器内部后，在导流器的作用下，使气流产生强烈的旋转，在离心力的作用下，空气中混有的大颗粒固体颗粒杂质、液态的水滴和油滴等被甩到滤水杯的内表面上，然后在重力作用下沿壁面沉降到滤水杯的底部，由差压泄水器排出。另外，空气在透过滤芯输出时，空气中含有的较小固体粉尘及一部分水分、油分被滤芯截留在其表面及内部。平常所说的过滤精度就是指滤芯的精度。伞形固定座的主要作用是防止高速旋转的气流卷起已经沉积在滤水杯底部的污水以免造成二次污染。

（6）油雾器

作用：以压缩空气为动力把润滑油雾化以后注入气流中，并随气流进入需要润滑的部件，达到润滑的目的。

选择与使用：主要根据气压传动系统所需额定流量及油雾粒径大小来进行选择。

油雾器如图 1-22 所示，其工作原理是：压缩空气由输入口进入油雾器后，绝大部分气流经主管道输出，而一小部分经本体的进气孔及喷油器上盖上的小孔，由调节器及复归弹簧组成的截止阀进入油杯，使油面受压，而滴油管的出口正对分隔板背压区，使压力低于气流压力，于是在油面压力与滴油管出口压力之间存在一个压力差，油杯中的润滑油在此压力差的作用下，经过输油管顶开钢珠再经过注油针及本体上的斜孔进入透明的视察罩内，然后由滴油管上部的小孔进入滴油管，由主管道内的高速气流从滴油管的出口引射出来，雾化后随空气一同输出。

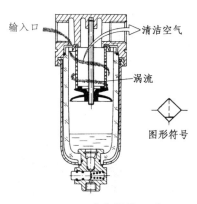

图 1-21　过滤器的工作原理示意图

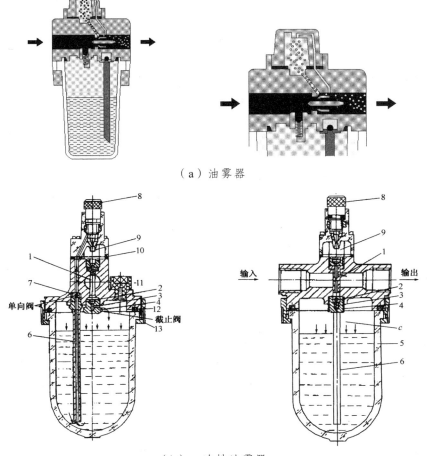

（a）油雾器

（b）一次性油雾器

图 1-22　油雾器的工作原理示意图

1—喷嘴；2、7—钢球；3—弹簧；4—阀座；5—储油杯；6—吸油管；8—节流阀；
9—视油器；10—密封垫；11—油塞；12—密封圈；13—螺母

　　油雾器在使用中一定要垂直安装，它可以单独使用，也可以空气过滤器、减压阀、油雾器三件联合使用，组成气源调节装置（通常称之为气动三联件），使之具有过滤、减压和油雾润滑的功能。联合使用时，其连接顺序应为空气过滤器→减压阀→油雾器，不能颠倒，安装时气源调节装置应尽量靠近气动设备附近，距离不应大于 5 m。

　　气动三联件（Air service unit）的外形图及图形符号见图 1-23。

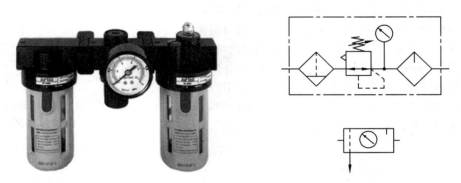

图 1-23　气动三联件的外形及图形符号

2.3　消声器

　　消声器如图 1-24 所示，其作用是：通过对气流的阻尼或增加排气面积等方法，来降低排气速度和排气功率，从而达到降低噪声的目的。其主要类型有：吸收型消声器、膨胀干涉型消声器、膨胀干涉吸收型消声器（见图 1-25）。

　　在气动系统的排气口，尤其是在换向阀的排气口，应装设消声器。其原因是：当压缩空气直接从气缸或阀中排向大气时，其较高的压差会使气体体积急剧膨胀，产生涡流，引起气体的振动，发出强烈的噪声，因此须安装消声器。

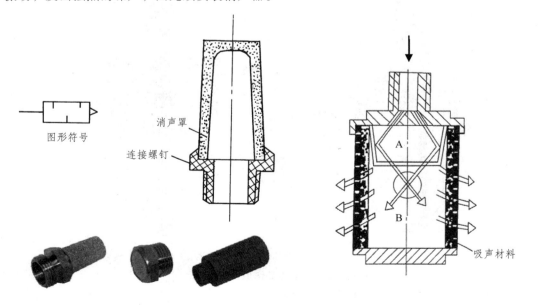

图 1-24　消声器及图形符号　　　　　　　图 1-25　膨胀干涉吸收型消声器

2.4　管道与管接头

2.4.1　管　道

在气动系统中,连接各种元件的管道有金属管和非金属管两类。金属管道通常采用镀锌钢管、不锈钢管和紫铜管等。镀锌钢管和不锈钢管主要用于工厂主管道以及大型气动设备,适于固定不动的连接。一般采用螺纹副和焊接方式进行连接。紫铜管主要用在某些特殊场合,比如环境温度高,如果使用软管易受损失等地方,其连接方式一般采用扩口式或者卡套式连接。

非金属管有尼龙管、橡胶管和聚氨酯管等。它的主要优点是拆装方便、不生锈、摩擦阻力小、一级吸振消声等;缺点是容易老化,不适合在高温环境下使用。使用时需要用专用的剪管管钳和拔管工具。

2.4.2　管接头

管接头是连接管道的元件。一般要求管接头连接紧固、不漏气和拆装方便。对于金属管和非金属管,其管接头的型式不同。

金属管接头一般有扩口式（见图 1-26）、法兰式（见图 1-27）和卡套式（见图 1-28）三种。法兰式管接头一般用于直径比较大的管道或者阀门的连接。扩口式管接头一般用于管径小于 30 mm 的无缝钢管或者铜管的连接。

非金属管接头主要有快插式（见图 1-29）、卡套式、快换式和快接式等。

图 1-26　扩口式直通管接头　图 1-27　法兰式管接头　图 1-28　卡套式管接头

图 1-29　快插式管接头

2.5　气动密封

设置于密封装置中、起密封作用的元件称为密封件。在气压传动系统及其元件中,安置密封装置和密封元件的作用在于:防止工作介质的泄露及外界尘埃和异物的侵入。

2.5.1　动密封与静密封

密封偶合面间最显著的区别是有无相对运动。静密封的密封偶合面间没有相对运动,动密封的密封偶合面间有相对运动。这两种不同密封工作状态，对密封件的要求有许多区别。动密封除了要承受介质压力外，还必须耐受相对运动引起的摩擦、磨损；既要保证一定的密封，又要满足运动性能的各项要求。

静密封又可以分为平面密封（轴向密封）和圆柱密封（径向密封），泄漏间隙分别是轴向间隙和径向间隙。平面密封，根据介质压力作用于密封圈的内径还是外径，又有受内压与受外压（外流式和内流式）之分，介质分别从内向外或从外向内泄漏。

根据密封偶合面间是滑动还是旋转运动，动密封又分为往复动密封与旋转动密封。往复动密封最为常见，如液压、气动缸中的活塞与缸筒之间的密封，活塞杆与缸盖以及滑阀的阀芯与阀体之间的密封，这是一种最简单和通用性最广的动密封型式。根据密封件与密封面的接触关系，往复动密封又可分为孔用密封（或称外径密封）与轴用密封（或称内径密封）。孔用密封的密封件与孔有相对运动，轴用密封的密封件与轴有相对运动。

2.5.2　密封件的种类及型式

在气动元件中，常用的密封件为 O 形密封圈，其密封圈横截面型式有多种，如 O 形、方形、唇形等，见图 1-30。

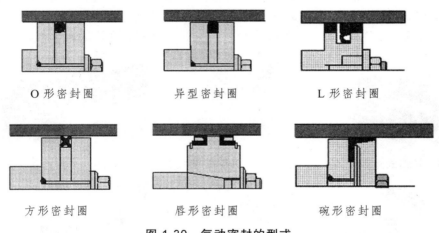

O 形密封圈　　　　　异型密封圈　　　　　L 形密封圈

方形密封圈　　　　　唇形密封圈　　　　　碗形密封圈

图 1-30　气动密封的型式

2.5.3　密封圈安装

密封圈在安装时需要注意的问题有：
① 密封圈安装槽内一定要去除毛刺，槽内不能有碎屑、颗粒等。
② 密封件和零件要涂润滑脂或润滑油，不得使用含固体添加剂的润滑脂。
③ 使用无锐边的工具。
④ 尽量使用安装辅助工具，保证 O 形圈不扭曲。
⑤ 不得过量拉伸 O 形圈。

2.6　传输压缩空气的管道系统

从空压机输出的压缩空气要通过管路系统被输送到各个气动设备上，管路系统如同人体的血管。

　　输送空气的管路配置如设计不合理，将产生下列问题：① 压降大，空气流量不足；② 冷凝水无法排放；③ 气动设备动作不良，可靠性降低；④ 维修保养困难。

　　按照供气可靠性和经济性考虑，一般有两种主要的配置：终端管道和环状管道。

　　普通气动设备大多采用不高于 8 巴的压缩空气源，故一般按照只有一种压力要求来处理，采用同一压力管道，用减压阀来满足用气设备的压力要求。

2.6.1　终端管道

　　这种系统简单、经济性好，多用于间断供气。一条支路上可安装一个截止阀，用于关闭系统。管道应在流动方向上有 1:100 的斜度，以利于排水，并在最低位置设置排水器，如图 1-31 和图 1-32 所示。

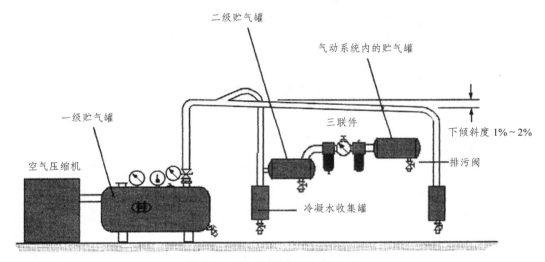

图 1-31　终端管道的空气系统

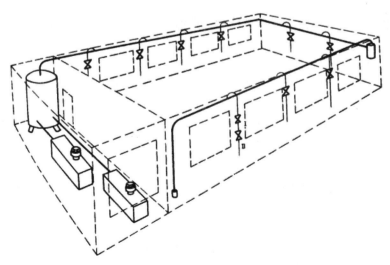

图 1-32　终端管道

2.6.2　环状管道

这种系统供气可靠性高、压力损失小、压力稳定，但投资较高。如图 1-33 所示，在环状主管道系统中，空气从两边输入到达高的消耗点，这样可将减压力降至最低。这种系统中冷凝水会流向各个方向，因此必须设置足够的自动排水装置。另外，每条支路上及支路间都要设置截止阀，这样，当关闭支路时，整个系统仍能供气。

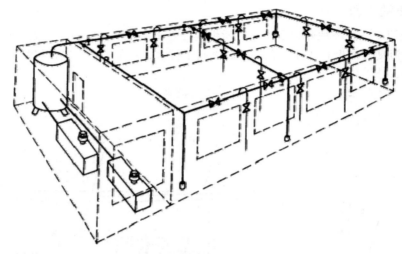

图 1-33　环状管道

注意：

① 气动设备有多种压力要求且用气量都比较大时，可采用多种压力管道空气系统，设置多种压力管网，分区供气。

② 管路中多数设备为低压装置但有少数高压装置时，可采用管道空气与瓶装供气相结合的供气系统，管道供大量低压气，瓶装供少量高压气。

【技能训练一】　气动三联件的拆装训练

1. 技能训练的目的与要求

① 熟悉并掌握气动三联件的组成、内部结构与工作原理。

② 能够正确使用拆装工具，在拆装过程中不可损伤零件。

③ 能够看懂拆装流程示意图。

④ 会根据注意事项进行无图拆装。

⑤ 能对拆下的易损零件进行一般检测。

2. 所需设备及工具

气动三联件 1 个（见图 1-34），内六角扳手 1 套，一字螺丝刀 2 把，十字螺丝刀 2 把，润滑油适量，化纤布料适量。

3. 实施步骤

① 准备一个干净的场地，用来作为实训的工作场地。

② 检查设备、工具是否齐全，并把工具有规律地摆放整齐。

③ 按照以下图片进行拆装，在拆装前要认真阅读注意事项。

图 1-34 气动三联件实物图

图 1-35 拆除固定座

图 1-36 把过滤器和油雾器分离

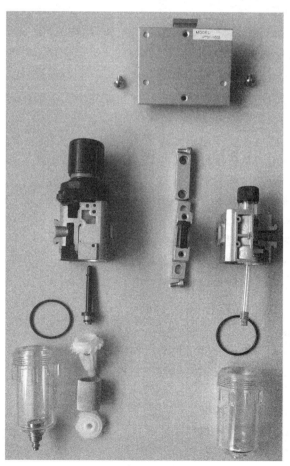

图 1-37 拆分过滤器和油雾器

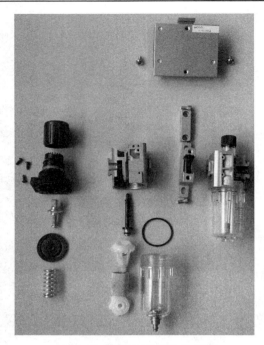

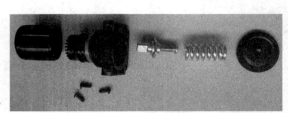

图 1-38　气动三联件减压阀分拆图　　　　图 1-39　气动三联件分拆图

④ 结合气动三联件的知识，对各部件进行熟悉。

⑤ 最后，按照拆解的相反顺序把气动三联件装配好。

4. 拆装注意事项

① 拆下的零件按次序摆放，不应落地、划伤、锈蚀等。

② 拆、装螺栓组时应对角依次拧松或拧紧。

③ 需顶出零件时，应使用铜棒适度击打，切忌用钢、铁棒。

④ 安装前的零件清洗后应晾干，切忌用棉纱擦拭。

⑤ 应更换老化的密封件。

⑥ 安装时应参照图或拆卸记录，注意定位零件。

⑦ 安装完毕，通气调试，检查阀芯滑动是否顺利。

⑧ 请检查现场有无漏装零件。

【技能训练二】　螺杆式空压机的拆装

1. 技能训练的目的与要求

① 熟悉并掌握空气压缩机的内部结构与工作原理。

② 能够正确使用拆装工具，在拆装过程中不可损伤零件。

③ 能够看懂拆装流程示意图。

④ 会根据注意事项进行无图拆装。

⑤ 能对拆下的易损零件进行一般检测。

2. 所需设备及工具

螺杆式空压机 1 台，内六角扳手 1 套，一字螺丝刀 2 把，十字螺丝刀 2 把，活口扳手 2 把，榔头 1 把，铜棒 1 根，润滑油适量，化纤布料适量。

3．实施步骤

① 准备一个干净的场地，用来作为实训的工作场地。

② 检查设备、工具是否齐全，并把工具有规律的摆放整齐。

③ 读懂拆装流程示意图，如果没有拆装流程示意图，则认真阅读注意事项。

④ 开始拆装，注意把拆下的零件有规律的放置好。

4．螺杆式空压机的安装注意事项

（1）安装场所方面

适宜的安装场所是正确使用空压机系统的先决条件。安装场所的选定应保证日后空气压缩机的维修方便，避免因环境的不理想导致空压机的非正常运转。

① 安装场所要求采光良好，具有足够的照明，以利操作及维修。

② 相对湿度小，无腐蚀，无金属屑，灰尘少，空气清净且通风良好。

③ 如果工厂环境较差，灰尘多，应加装一通风导管，将进气端引向空气比较干净的地方。导管的安装必须便于拆装，以利维修，安装尺寸参考空压机外部尺寸。

④ 螺杆式空压机周围须保留足以让零部件进出的空间，空压机四周离墙至少 1.5 m 以上；空压机离顶端空间距离 2 m 以上。

⑤ 如螺杆式压缩机安装在密闭的空压机房内，必须设置抽风机，尽量使热交换后的气体排出室外。

⑥ 如环境温度过高（大于 40 ℃），建议采取降温措施（如避免阳光直射、打开门窗等），以避免不必要的高温停机；如环境温度较低（小于 0 ℃），开机时须防止润滑油凝结。

（2）配管、基础及冷却系统方面

a．配管

① 配管时，不得使后冷却器承受附加力。严禁焊接火花掉进螺杆机，避免烧坏空压机内部件。

② 主管路必须有 1°～2° 向下的倾斜度，以利管路中的冷凝水排出（管路应有排污螺堵，定期排污）。

③ 管路的口径应大于或等于压缩机排气口的管径。管路中尽量减少使用弯头及各类阀门，以减少压力损失。

④ 主管路不要任意缩小或放大，如果必须缩小或放大时须使用渐缩管，否则在接头处会有紊流情况发生，导致大的压力损失，同时由于气体的冲击压力，管路的寿命会大大缩短。

⑤ 支线管路必须从主管路的顶端引出，避免主管路中的冷凝水沿管路流至机器中。建议在机组之后加装储气罐，这可减少空压机加载、卸载转换次数，延长机体和电气的寿命。如空压机后有储气罐、干燥机等净化缓冲设施，理想的配管应是空压机+储气罐+干燥机。储气罐可降低排出气体的温度，去除大部分的水分，较低温度且含水较少的空气再进入干燥机，可减轻干燥机的负荷。

⑥ 低于 1.5 MPa 的压缩空气，其流速须在 15 m/s 以下，以避免管路中过大的压力降。理想的配管是主管线环绕整个厂房，且在环状主干线上配置适当阀门。如此，在厂房任何位置的直线管路均可获得两个方向的压缩空气，倘若某支线用气量突然增大，也不至于造成明显的压力降；另外在维修时，阀门可用于切断管路。

　　b. 基础

　　① 基础应建立在硬质土壤或水泥地面上，且保证平面平整，避免因倾斜造成额外的振动。

　　② 空压机如安装在楼上，须做好防振处理（如垫一层 10 mm 厚的橡胶），以防振动的传递和共振的产生。

任务 3　车门开闭执行机构的组建与调试

【任务引入】

　　公共汽车车门的开、闭是通过一个车门开闭装置来实现，我们可以看到的是一个杠杆机构推动车门的打开或关闭，如图 1-40 所示。那么怎样才能推动杠杆动作，继而推动车门打开或关闭呢？

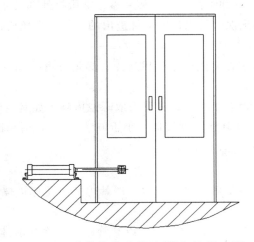

图 1-40　公共汽车车门启/闭机构示意图

【任务分析】

　　公共汽车车门是一套气动执行机构。公共汽车车门上有一个铁盒子，里面有一个气缸。气缸活塞在气压的作用下沿气缸运动，活塞带动活塞杆移动，活塞杆连接在杠杆机构上。当气缸内通入气压时，活塞、活塞杆运动，带动杠杆运动，门便在杠杆的作用下打开或关闭。为此，我们需要知道气缸的结构及工作原理、气缸选用要点等知识。

【相关知识】

3.1　直线运动气缸概述

　　将压缩空气的压力能转换为机械能，驱动机构做直线往复运动、摆动和旋转运动的元件，称为气动执行元件。

　　气缸是很重要的一种气动执行元件，气缸做直线往复运动，可输出力。气缸主要由缸筒、活塞、活塞杆、缸盖及密封件等组成。图 1-41 所示为普通气缸结构。

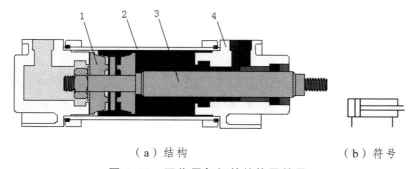

（a）结构　　　　　　　　　　　（b）符号

图 1-41　双作用气缸的结构及符号

1—活塞；2—缸筒；3—活塞杆；4—缸盖

3.2　气缸的分类

① 按驱动气缸时压缩空气作用在活塞端面上的方向分，有单向作用气缸和双向作用气缸。

单向作用气缸：一个方向移动靠气压力，另一个方向靠外力、弹簧力或重力使活塞复位。这种气缸结构简单，耗气量少，适用于行程较小、对推力和速度要求不高的场合。

双向作用气缸：在活塞的两侧分别供气和排气，推动活塞杆做往复运动。行程可按需要选定。这种气缸应用广泛。

② 按结构特点分，有活塞式气缸、柱塞式气缸、叶片式气缸、摆动式气缸、薄膜式气缸等。

③ 按安装方式分，有基本型气缸、脚座式气缸、法兰式气缸、耳环式气缸、耳轴式气缸等。

④ 按功能分，有标准型气缸、复合型气缸、特殊气缸等。

⑤ 按尺寸分（主要按缸径分），通常分为：$\phi 10 \sim \phi 25$ mm 为小型缸，$\phi 32 \sim \phi 100$ mm 为中型缸，大于 $\phi 100$ mm 为大型缸。

3.2.1　单作用气缸

单作用气缸仅一端有活塞杆，从活塞一侧供气聚能产生气压，气压推动活塞产生推力伸出，当无压缩空气时，活塞靠弹簧或自重返回。气缸活塞上的永久磁环可用于驱动磁感应传感器动作。单作用气缸的结构及符号见图 1-42。

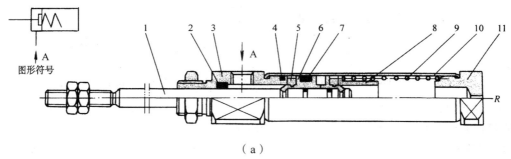

（a）

1—活塞杆；2—活塞杆密封圈；3—杆侧缸盖；4—缸筒静密封圈；5—缓冲垫；6—活塞；
7—活塞密封圈；8—弹簧座（兼止动块）；9—复位弹簧；10—缸筒；11—无杆侧缸盖

弹簧压出型　　　　　　　弹簧压回型

（b）符号

图 1-42　单作用气缸的结构及符号

对于单作用气缸来说，压缩空气仅作用在气缸活塞的一侧，另一侧与大气相通。气缸只在一个方向上做功，气缸活塞在复位弹簧或外力作用下复位。

单作用气缸具有一个进气口和一个出气口。出气口必须洁净，以保证气缸活塞运动时无故障。

3.2.2　双作用气缸

双作用气缸从活塞两侧交替供气，在一个或两个方向输出力。其工作原理如图 1-43 所示，它的两端具有缓冲，在气缸轴套前端有一个防尘环，以防止灰尘等杂质进入气缸腔内。前缸盖上安装的密封圈用于活塞杆密封，轴套可为气缸活塞杆导向。

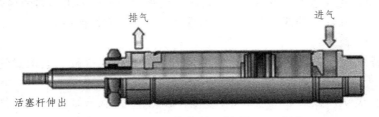

排气　　　　　　　　　　　　　进气

活塞杆伸出

图 1-43　双作用气缸的工作原理示意图

双作用气缸有以下几种类型：

① 双作用气缸（带终端缓冲）。如图 1-44 所示，在压缩空气作用下，双作用气缸活塞杆既可以伸出，也可以缩回；通过缓冲调节装置可以调节其终端缓冲；气缸活塞上带有永久磁环。

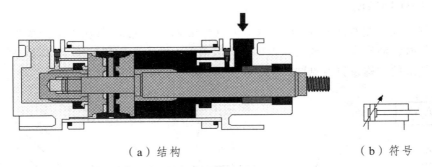

（a）结构　　　　　　　　　　　（b）符号

图 1-44　双作用气缸（带终端缓冲）的结构及符号图

② 双端活塞杆气缸。在压缩空气的作用下，双端活塞杆气缸的活塞杆可以双端伸出或缩回；通过缓冲调节装置可以调节其终端缓冲。其符号如图 1-45 所示。

③ 双活塞杆气缸。它有两个活塞杆。在双活塞杆气缸中，通过连接板将两个并列的活塞杆连接起来，这种结构在移动工具或工件时可以抗扭转。此外，与相同缸径的标准气缸比较，双活塞杆气缸输出力是其输出力的两倍。其外形及符号如图 1-46 所示。

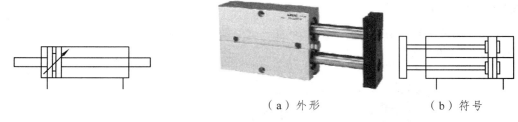

（a）外形 （b）符号

图 1-45 双端活塞杆气缸的符号 图 1-46 双活塞杆气缸的外形及符号

④ 双行程气缸。双行程气缸也称作多位型气缸。原理就是气缸里面有两个活塞和两根活塞杆。普通型双作用气缸是一个伸出进气口和一个返回进气口，而对于双行程气缸，它有 2 个伸出进气口和 2 个返回进气口，分别对两个伸出进气口通气就能实现两段行程。其符号如图 1-47 所示。

图 1-47 双行程气缸的符号

3.2.3 三轴气缸

三轴气缸实际上是一个活塞杆加两个导杆，是一种带导杆的气缸。带导杆气缸是将与**活塞杆平行的两根导杆**与气缸组成一体，其结构紧凑，导向精度高，能承受较大的横向负载力矩，可用于输送线上工件的推出、提升和限位等。其外形及符号如图 1-48 所示。

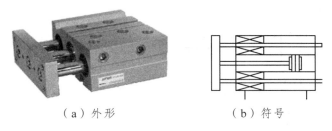

（a）外形 （b）符号

图 1-48 三轴气缸的外形及符号

3.2.4 滑台气缸

滑台气缸是由两个双端活塞杆气缸并联而成，它有两种安装固定形式：本体安装和滑台安装。当采用本体安装时，活塞和活塞杆不动，滑台相对活塞移动；当采用滑台安装时，滑台不动，活塞和活塞杆相对滑台移动。滑台气缸采用双活塞杆结构，使气缸具有较好的抗弯曲和抗扭转特性，可承受较大的运动负载和侧向负载，它主要用于位置精度（平面度、直角度等）要求高的组装机器人和工件搬运设备上。其外形及符号如图 1-49 所示。

（a）外形 （b）符号

图 1-49 滑台气缸的外形及符号

3.2.5 无杆气缸

无杆气缸的两端均没有活塞杆，它比有杆气缸节约很多安装空间，可以实现空间小行程大的效果，如图1-50所示。

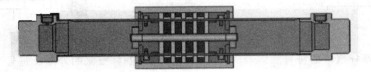

图1-50 无杆双作用气缸示意图

无杆气缸分为以下两种类型：

① 磁耦合式无杆气缸。在压缩空气作用下，无杆气缸滑块可以做往复运动。

② 机械耦合式无杆气缸。在压缩空气作用下，活塞-滑块机械组合装置可以做往复运动。这种无杆气缸通过活塞-滑块机械组合装置传递气缸输出力，缸体上管状沟槽可以防止其扭转。

3.3 气缸的爬行与自走

3.3.1 气缸的爬行

在气动自动化系统中，气缸的运动速度有时需要调节，而调节气缸速度最简单的方法是在气缸的进气口和排气口安装单向节流阀，这种方法称为节流调速，如图1-51所示，其中，图（a）为进气节流，图（b）为排气节流。

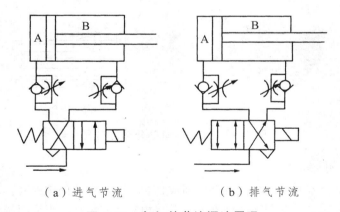

（a）进气节流　　　　　　（b）排气节流

图1-51 气缸的节流调速原理

值得注意的是，若采用图（a）所示的进气节流调速时，气缸容易产生"爬行"现象，其原因是采用进气节流而导致进气流量少，排气流量大。若以活塞杆伸出为例，则此时气缸有杆腔内的气体压力很快降低，而无杆腔气体压力上升较慢，当有杆腔和无杆腔的压力差刚好克服各种阻力负载时，活塞就向前伸出，但由于此时无杆腔容积变化增加较大，而供气量不足，致使无杆腔中的空气压力又进一步下降，可能使活塞两侧的压力差所产生的作用力小于各种阻力负载，此时活塞就停止前进，直到无杆腔继续进气，活塞重新开始向前伸出。这种使活塞产生"忽停忽走"或"忽快忽慢"的运动现象称为气缸的"爬行"，故通常在气缸的调速中一般不选用进气节流，而选用排气节流的方法。

3.3.2 气缸的自走

在气缸的运动过程中，当外界负载变化较大时，即使采用排气节流调速也难以使气缸速度平稳。这是因为负载变化时，空气介质具有可压缩性，气缸两腔室中的压力差随之变化而引起平衡破坏，为了达到新的平衡，只能依靠两腔室中气体的膨胀或压缩来自行调节。例如，当外界负载突然变大时，气缸活塞杆不但不前进，反而后退；若负载突然减小时，则能引起气缸活塞向前冲。这种由于外界负载突然变化而引起气缸速度变化的现象称为"自走"。要消除气缸的"自走"现象，可借助于气-液阻尼缸解决。

3.4 气缸的安装形式

气缸安装方式由气缸与设备之间的连接形式决定。若在任何时候都不需要变换气缸安装方式，则可将安装方式设计为固定式；相反，应将安装方式设计为非固定式。图 1-52 所示是几种常见的气缸安装形式。

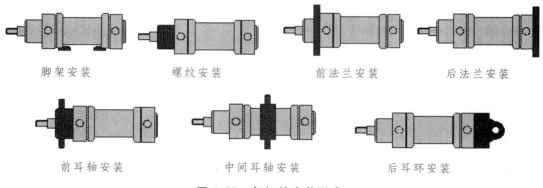

脚架安装　　　　　螺纹安装　　　　　前法兰安装　　　　　后法兰安装

前耳轴安装　　　　　中间耳轴安装　　　　　后耳环安装

图 1-52　气缸的安装形式

3.5 气缸的工作特性

3.5.1 气缸的速度特性

活塞在整个运动过程中，其速度是变化的。速度的最大值称为最大速度。对非气缓冲气缸，最大速度通常在行程的末端。对气缓冲气缸，最大速度通常在进入缓冲前的行程位置。

标准气缸的使用速度范围大多是 50～500 mm/s。当速度小于 50 mm/s 时，由于气缸摩擦阻力的影响增大，加上气体的可压缩性，不能保证活塞作平稳移动，会出现时走时停的爬行现象。当速度高于 500 mm/s，气缸密封圈的摩擦生热加剧，加速密封件磨损，造成漏气，寿命缩短，还会加大行程末端的冲击力，影响到机械寿命。要想气缸在很低速度下工作，宜使用气-液阻尼缸，或通过气液转换器，利用气液联用缸进行低速控制。要想气缸在更高速下工作，需要加长缸筒长度，提高气缸筒的加工精度，改善密封圈材质以减小摩擦阻力，改善缓冲性能等。

3.5.2 气缸的理论推出力

气缸的理论输出力是指气缸处于静止状态时，其使用压力作用在活塞有效面积上产生的推力或拉力。

（1）单杆单作用气缸

弹簧压回型气缸的理论输出推力：$F_0 = \dfrac{\pi}{4}D^2 p - F_2$ （1-12）

弹簧压回型气缸的理论返回拉力：$F_0 = F_1$ （1-13）

弹簧压出型气缸的理论输出拉力：$F_0 = \dfrac{\pi}{4}(D^2 - d^2)p - F_2$ （1-14）

弹簧压出型气缸的理论返回推力：$F_0 = F_1$ （1-15）

式中：F_0 为理论输出力，N；D 为缸径，mm；d 为活塞杆直径，mm；p 为使用压力，MPa；F_1 为安装状态时的弹簧力，N；F_2 为压缩空气进入气缸后，弹簧处于被压缩状态时的弹簧力，N。

F_1 是弹簧预压缩量产生的弹簧反力，F_2 是弹簧预压缩量加上活塞运动行程后产生的弹簧反力。

（2）单杆双作用气缸

理论输出推力（活塞杆伸出）：$F_0 = \dfrac{\pi}{4}D^2 p$ （1-16）

理论输出拉力（活塞杆缩回）：$F_0 = \dfrac{\pi}{4}(D^2 - d^2)p$ （1-17）

（3）双端活塞杆双作用气缸

理论输出力：$F_0 = \dfrac{\pi}{4}(D^2 - d^2)p$ （1-18）

3.5.3 气缸的压力特性及使用压力范围

气缸的压力特性是指气缸内压力随负载变化的情形。

气缸被活塞分为进气腔和排气腔，当压缩空气进入进气腔时，排气腔处于排气状态，两腔的压力差所形成的力刚好克服各种阻力负载时，活塞就开始运动。

使用压力范围是指气缸的最低使用压力至最高使用压力的范围。

最低使用压力是指保证气缸正常工作的最低供给压力。所谓正常工作，是指气缸能平稳运动且泄漏量在允许指标范围内。双作用气缸的最低工作压力一般在 0.05～0.1 MPa，而单作用气缸一般在 0.15～0.25 MPa。

最高使用压力是指气缸长时间在此压力作用下能正常工作而不损坏的压力。

我们常用气缸的使用压力范围一般在 0.05～1.0 MPa。

3.5.4 气缸的耗气量

气缸的耗气量是选择气源供气量的重要依据。

气缸的耗气量与气缸的活塞直径 D、活塞杆直径 d、活塞的行程 L 以及单位时间往复次数 N 有关。以单杆双作用气缸为例：

活塞伸出行程：$V_1 = L \cdot \dfrac{\pi}{4}D^2$ （1-19）

活塞缩回行程：$V_2 = L \cdot \dfrac{\pi}{4}(D^2 - d^2)$ （1-20）

活塞往复一次所耗压缩空气量：$V = V_1 + V_2$ （1-21）

若活塞每分钟往复 N 次，则每分钟耗气量：

$$V' = V \cdot N \qquad (1\text{-}22)$$

由于泄露等原因，实际耗气量比理论耗气量要大一些，实际耗气量为：

$$V_S = (1.2 \sim 1.5)V' \qquad (1\text{-}23)$$

自由空气的耗气量为：

$$V_{SZ} = V_S(p + 0.1013)/0.1013 \qquad (1\text{-}24)$$

式中，p 为气体的工作压力（MPa）。

3.5.5 气缸的负载率 η

气缸的负载率 η 是气缸活塞杆受到的轴向负载力 F 与气缸的理论输出力 F_0 之比，即：

$$\eta = \frac{F}{F_0} \times 100\% \qquad (1\text{-}25)$$

负载率是选择气缸时的重要因素。负载状况不同，作用在活塞杆轴向的负载力也不同。

η 的选取与气缸的负载性能及气缸的运动速度有关：

① 对于"阻性负载"，如气缸用作气动夹具，负载不产生惯性力的静负载，一般 η 选取为 0.8。

② 对于"惯性负载"，如气缸用来推送工件，负载将产生惯性力，η 的取值为：

$\eta \leqslant 0.65$ 气缸做低速运动，$v < 100 \text{ mm/s}$

$\eta \leqslant 0.5$ 气缸做中速运动，$v = 100 \sim 500 \text{ mm/s}$

$\eta \leqslant 0.35$ 气缸做高速运动，$v > 500 \text{ mm/s}$

在此要注意的是，气缸的效率是扣除了气缸摩擦力之后的气缸输出力与理论输出力之比，与气缸的负载率不是一回事。

3.5.6 缸径的一般计算

已知气缸带动的负载、运动状态和工作压力，就可以进行气缸缸径的计算和选用。一般步骤如下：

① 根据气缸带动的负载，计算气缸的轴向负载力 F。

② 由气缸的平均速度，选定气缸的负载率。

③ 根据气缸理论输出力公式和选择气缸的种类进行计算。

例 3 如图 1-53 所示，气缸推动工件在水平导轨上运动。已知工件等运动件质量为 $m = 250 \text{ kg}$，工件与导轨间的摩擦系数 $\mu = 0.25$，气缸行程 $L = 400 \text{ mm}$，经 2 s 时间工件运动到位，系统工作压力 $p = 0.4 \text{ MPa}$，试选定气缸直径 D。

解

气缸的轴向负载力：$F = \mu m g = 0.25 \times 250 \times 9.8 = 612.5 \text{ N}$

气缸平均速度： $v = \dfrac{L}{t} = \dfrac{400}{2} = 200 \text{ mm/s}$

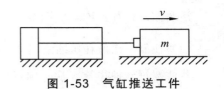

图 1-53 气缸推送工件

选取 $\eta = 0.5$，理论输出力：

$$F_0 = \frac{F}{\eta} = \frac{612.5}{0.5} = 1225 \text{ N}$$

由于是单杆双作用气缸，所以其缸径为：

$$D = \sqrt{\frac{4F_0}{\pi \cdot p}} = \sqrt{\frac{4 \times 1225}{\pi \times 0.4}} \approx 62.5 \text{ mm}$$

故选取单杆双作用气缸的直径最小为 62.5 mm。

3.6 气缸的选用

① 根据工作要求和条件，正确选择气缸的类型：
- 要求气缸到达行程终端无冲击现象和撞击噪声，应选择缓冲气缸。
- 要求重量轻，应选轻型缸。
- 要求安装空间窄且行程短，可选薄型缸。
- 有横向负载，可选带导杆气缸。
- 要求制动精度高，应选锁紧气缸。
- 不允许活塞杆旋转，可选具有杆不回转功能气缸。
- 高温环境下需选用耐热缸。
- 在有腐蚀环境下，需选用耐腐蚀气缸。在有灰尘等恶劣环境下，需要活塞杆伸出端安装防尘罩。
- 要求无污染时需要选用无给油或无油润滑气缸等。

② 安装形式选择：根据安装位置、使用目的等因素决定。在一般情况下，采用固定式气缸。在需要随工作机构连续回转时（如车床、磨床等），应选用回转气缸。在要求活塞杆除直线运动外，还需做圆弧摆动时，则选用轴销式气缸。有特殊要求时，应选择相应的特殊气缸。

③ 确定作用力的大小，即缸径的选择：根据负载力的大小来确定气缸输出的推力和拉力。

④ 确定活塞行程：与使用的场合和机构的行程有关，但一般不选满行程，防止活塞和缸盖相碰。如用于夹紧机构等，应按计算所需的行程增加 10 ~ 20 mm 的余量。

⑤ 确定活塞的运动速度：主要取决于气缸输入压缩空气流量、气缸进排气口大小及导管内径的大小。

⑥ 参照样本选出合适的气缸。

3.7 气缸的常见故障及解决方案

3.7.1 气缸常见问题及原因分析

① 气缸是铸造而成的，气缸出厂后都要经过时效处理，使气缸在铸造过程中所产生的内应力完全消除。如果时效时间短，那么加工好的气缸在以后的运行中还会变形。

② 气缸在运行时受力的情况很复杂，除了受气缸内外气体的压力差和装在其中的各零部件的重量等静载荷外，还要承受蒸汽流出时对静止部分的反作用力，以及各种连接管道冷热状态下对气缸的作用力，在这些力的相互作用下，气缸易发生塑性变形造成泄漏。

③ 气缸的负荷增减过快，特别是快速的启动、停机和工况变化时温度变化大、暖缸的方式不正确、停机检修时打开保温层过早等，在气缸中和法兰上产生很大的热应力和热变形。

④ 气缸在机械加工的过程中或经过补焊后产生了应力，但没有对气缸进行回火处理加以消除，致使气缸存在较大的残余应力，在运行中产生永久的变形。

⑤ 在安装或检修的过程中，由于检修工艺和检修技术的原因，使内缸、气缸隔板、隔板套及气封套的膨胀间隙不合适，或是挂耳压板的膨胀间隙不合适，运行后产生巨大的膨胀力使气缸变形。

⑥ 使用的气缸密封剂质量不好、杂质过多或是型号不对；气缸密封剂内若有坚硬的杂质颗粒就会使密封面难以紧密的结合。

⑦ 气缸螺栓的紧力不足或是螺栓的材质不合格。气缸结合面的严密性主要靠螺栓的紧力来实现的。机组的启停或是增减负荷时产生的热应力和高温会造成螺栓的应力松弛，如果应力不足，螺栓的预紧力就会逐渐减小。如果气缸的螺栓材质不好，螺栓在长时间的运行当中，在热应力和气缸膨胀力的作用下被拉长，发生塑性变形或断裂，紧力就会不足，使气缸发生泄漏的现象。

⑧ 气缸螺栓紧固的顺序不正确。一般的气缸螺栓在紧固时是从中间向两边同时紧固，也就是从垂弧最大处或是受力变形最大的地方紧固，这样就会把变形最大的处的间隙向气缸前后的自由端转移，最后间隙渐渐消失。如果是从两边向中间紧，间隙就会集中于中部，气缸结合面形成弓形间隙，引起泄漏。

3.7.2 气缸故障的解决方案

对于气缸变形较大或漏气严重的结合面，可采用研刮结合面的方法。

如果上缸结合面变形在 0.05 mm 范围内，以上缸结合面为基准面，在下缸结合面涂红丹或是压印蓝纸，根据痕迹研刮下缸。如果上缸的结合面变形量大，在上缸涂红丹，用大平尺研出痕迹，把上缸研平；或是采取机械加工的方法把上缸结合面找平，再以上缸为基准研刮下缸结合面。气缸结合面的研刮一般有两种方法：

① 不紧结合面的螺栓，用千斤顶微微推动上缸前后移动，根据下缸结合面红丹的着色情况来研刮。这种方法适合结构刚性强的高压缸。

② 紧结合面的螺栓，根据塞尺的检查结合面的严密性，测出数值及压出的痕迹，修刮结合面，这种方法可以排除气缸垂弧对间隙的影响。

【技能训练一】 气缸的拆装训练

1. 技能训练的目的与要求

① 熟悉并掌握气缸的内部结构与工作原理。

② 能正确使用工具。

③ 能够读懂拆装流程示意图，并按照拆装流程示意图拆装气缸。

④ 会根据注意事项进行无图拆装。

⑤ 能对拆下的易损零件进行一般检测。

2. 所需设备及工具

气缸 1 个，内六角扳手 1 套，一字螺丝刀 2 把，十字螺丝刀 2 把，榔头 1 把，润滑油适量，化纤布料适量。

3. 实施步骤

① 准备一个干净的场地，用来作为实训的工作场地。

② 检查设备、工具是否齐全，并把工具有规律的摆放整齐。

③ 按照以下图片进行拆装，在拆装前要认真阅读注意事项。

图 1-54　双作用气缸拆装实物图

图 1-55　拆除气缸两端的固定座

图 1-56　拆下气缸两端的端盖

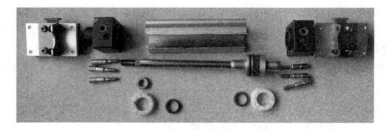

图 1-57　拆下活塞杆组件及内部垫片

④ 结合气缸的知识，对各部件进行熟悉。

⑤ 最后，按照拆解的相反顺序把气缸装配好。

4. 拆装注意事项

① 拆下的零件按次序摆放，不应落地、划伤、锈蚀等。

② 拆、装螺栓组时应对角依次拧松或拧紧。

③ 需顶出零件时，应使用铜棒适度击打，切忌用钢、铁棒。

④ 安装前的零件清洗后应晾干，切忌用棉纱擦拭。

⑤ 应更换老化的密封。

⑥ 安装时应参照图或拆卸记录，注意定位零件。

⑦ 安装完毕，通气调试，检查活塞滑动是否顺利。

⑧ 请检查现场有无漏装零件。

【知识拓展】

1. 气动手指（气爪）

气爪，是连接在气缸活塞杆上的一个传动机构，如图 1-58、图 1-59 所示。动作气爪可夹紧或释放工件。

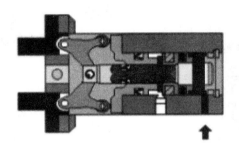

图 1-58 气爪结构示意图

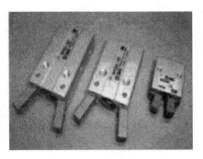

图 1-59 气爪实物图

2. 摆动气缸

摆动气缸也叫回转气缸，是利用压缩空气驱动输出轴在一定角度范围内做往复回转运动的气动执行元件，见图 1-60。

图 1-60 摆动气缸实物图

摆动气缸按结构分为叶片式、齿轮齿条式。图 1-61 所示为齿轮齿条式摆动气缸示意图。

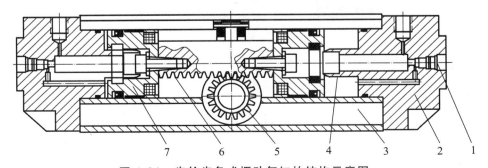

图 1-61 齿轮齿条式摆动气缸的结构示意图

1—缓冲节流阀；2—端盖；3—缸体；4—缓冲柱塞；5—齿轮；6—齿条；7—活塞

3. 真空吸盘

吸盘是直接吸吊物体的元件（见图1-62）。吸盘通常是由橡胶材料与金属骨架压制成型的。橡胶材料如长时间在高温下工作，则使用寿命变短。硅橡胶的使用温度范围较宽，但在湿热条件下工作则性能变差。吸盘的橡胶出现脆裂，是橡胶老化的表现。除过度使用的原因外，大多由于受热或日光照射所致，故吸盘宜保管在冷暗的室内。

吸盘的形式有多种，其安装方式有：螺纹连接（有外螺纹和内螺纹）、面板安装和用缓冲体连接。

此外，还有带单向阀的真空吸盘，其工作原理是：吸盘没有吸着工件时，吸盘阀芯是关闭的，真空不会泄露；吸盘接触工件表面时，阀芯打开，则真空吸盘便吸着工件，见图1-63。它用于一个真空发生器带多个吸盘、吸着面积不规则的工件等场合。

图1-62 真空吸盘

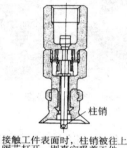 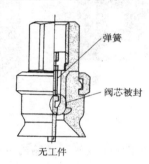 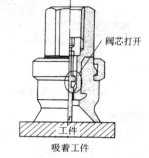

接触工件表面时，柱销被往上推，阀芯打开，则真空吸着工件。

图 1-63 带单向阀的真空吸盘

4. 真空发生器

典型的真空发生器的结构和工作原理如图1-64所示。它是由先收缩后扩张的拉瓦尔喷管、负压腔和接收管三部分组成的，有供气口、排气口和真空口。当供气口的供气压力高于一定值后，喷管射出超声速射流。由于气体的黏性，高速射流卷吸走负压腔内的气体，使该腔形成很高的真空度。在真空口处接上真空吸盘，靠真空压力便可吸吊起物体。真空发生器如图1-65所示。

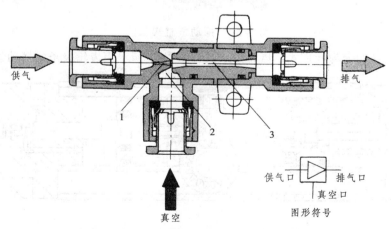

图 1-64 真空发生器的结构原理图及图形符号

1—拉瓦尔喷管；2—负压腔；3—接收管

图 1-65 真空发生器实物图

【技能训练二】 摆缸摆动角度调节的训练

1. 技能训练的目的与要求

① 熟悉并掌握摆缸的内部结构与工作原理。

② 能够按要求调节摆动角度。

③ 调整前能够判断回转方向。

2. 所需设备及工具

摆缸 1 个，内六角扳手 1 套，一字螺丝刀 2 把，十字螺丝刀 2 把。

3. 实施步骤

摆动气缸的回转方向及角度调整过程如下：

① 回转方向：

● 以旋转台定位销孔为基准，最大转角范围如图 1-66 所示，最大转角位为 190°。

● A 口进气工作台顺时针旋转，B 口进气工作台逆时针旋转。

② 角度调整示例：以 90° 转角为例，如图 1-67 所示。

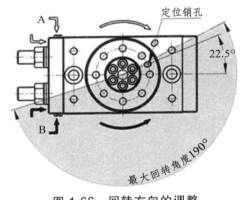

图 1-66 回转方向的调整

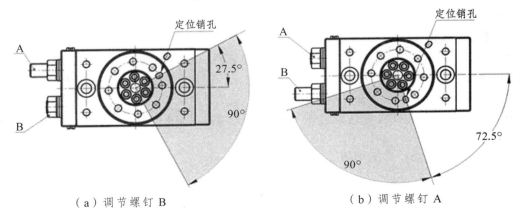

（a）调节螺钉 B　　　　　　　　　　（b）调节螺钉 A

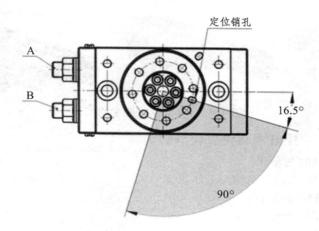

（c）同时调节螺钉 A 和 B

图 1-67　角度调整示例

4. 调节的注意事项

① 调整前把圆台旋到一端，通过刻度确定基准。

② 预先判断调整方向。

☆　项目实践

公共汽车车门开闭控制系统的设计、安装与调试

1. 前期准备

（1）充分了解研究对象，收集相关信息。

（2）组建团队。让学生成立项目小组，分派组员任务。

2. 制订项目实施计划

分析收集到的相关信息，明确其工作过程与要求，制订出合理的、可行的项目实施方案，详细列出项目实施进度表。

3. 设备与工具准备

气源装置（包括气动三联件）1 套，气动试验台 1 台，气源三联件 1 套，气管剪 1 把，气管（内径分别是 10、8、6、4）适量，气缸 2 台，节流阀 4 个，内六方扳手 1 套，活口扳手 1 套，其他工具若干。

4. 项目实施步骤

① 气缸计算，确定缸径、行程。已知气缸活塞杆一端连接在车门上，连接点距离旋转轴约 500 mm，车门打开所需的扭矩约为 200 N·m，请计算出缸径、活塞杆长度。

② 选型。根据计算所得，查阅选型手册，确定气缸的结构形式、型号、安装方式，并记录下来。

③ 根据给定的气动元件及回路图进行连接安装（用 $\phi 4$ mm 的气管线连接），参考图 1-68 所示。

④ 通气，观察系统运行情况。

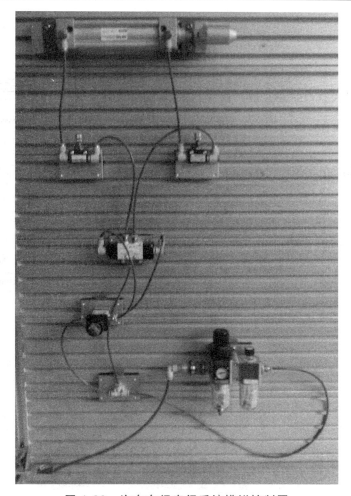

图 1-68 汽车车门启闭系统模拟控制图

5. 考核与评价

此处略。

☆ 思考与练习

1. 什么是气压传动？气压传动系统由哪几部分组成？气压传动有哪些优点和缺点？

2. 什么是气动三联件？每个元件起什么作用？

3. 气源装置包括哪些设备？各部分的作用是什么？

4. 气缸执行元件有哪些种类？各有什么特点？

5. 双活塞杆气缸有什么特点？无杆气缸有哪些优点？

6. 简述摆缸的结构与工作原理？

7. 什么是标准化气缸？为什么要实施标准化？

8. 工厂中，空气管路系统的主要配置类型、配置原则是什么？

项目二　机床气动夹紧装置

☆　项目描述

　　机床夹具是机床上用以装夹工件（和引导刀具）的一种装置。其作用是将工件定位，以使工件获得相对于机床和刀具的正确位置，并把工件可靠地夹紧。随着机械制造业的日益发展和数控车床的普及使用，工件的装夹往往成了制约提高加工效率的主要原因，而以前的工件装夹都要依靠人工来完成。对于数控车床而言，人工装夹时间有时比加工时间还长，为此，在数控车床上开发出了气动夹紧装置（见图2-1），其优点是减轻了工人的劳动量、装夹时间短，大大增加了加工速度。

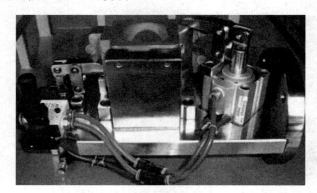

图 2-1　气动夹紧装置

☆　项目教学目标

1. 知道压力控制阀分类、减压阀的结构与工作原理。
2. 知道减压阀和溢流阀的异同点。
3. 掌握流量控制阀的种类、特点和主要应用。
4. 掌握方向控制阀的工作原理。
5. 了解几种常用的气动传感器的结构及工作原理。

任务 1　控制元件的选用

【任务引入】

　　在机床上需要加工的工件必须夹紧固定，但不同工件、不同的加工方法需要不同的夹紧力，我们需要能够调节夹紧力的元件去调节一个合适的夹紧力来满足加工要求。什么样的元件才能实现夹紧力的调整呢?

【任务分析】

气动夹紧装置采用气缸作为执行机构,当气缸内空气压力大时,作用在工件上的夹紧力就会大;反之,则夹紧力就会小。对于进入气缸内压缩气体压力的大小,我们用空气调压阀来调节。为此,我们必须熟悉空气调压阀的结构、工作原理以及选用。

【相关知识】

1.1 压力控制阀

压力控制阀是用来控制和调节气压传动系统或液压传动系统气压或油液压力并实现压力控制的阀类,按作用可分为溢流阀、减压阀、顺序阀和压力继电器等。其共同特点是利用气压、油液压力和弹簧压力相平衡的原理来工作。调节弹簧预压力即改变了所控制的气压或油液压力。

1.1.1 减压阀

减压阀的作用是降低由空气压缩机来的压力,以适于每台气动设备的需要,并使这一部分压力保持稳定。按调节压力方式不同,减压阀有直动式和先导式两种。

（1）直动式减压阀

图 2-2 所示是常用的一种直动式减压阀的结构简图。其工作原理如下:

阀处于工作状态时,压缩空气从输入口流入,经进气阀口后再从阀出口流出。当顺时针旋转手柄 1,压缩弹簧 2 推动膜片 4 下凹,再通过阀杆 5 带动阀芯下移,打开进气阀口,压缩空气通过阀口的节流作用,使输出压力低于输入压力,以实现减压的作用;与此同时,有一部分气流经阻尼孔 6 进入膜片下腔,在膜片下部产生一向上的推力,当推力与弹簧的作用力相互平衡后,阀口开度稳定在某一值上,减压阀就输出一定压力的气体。阀口开度越小,节流作用越强,压力下降也越多。

若输入压力瞬时升高,经阀口以后的输出压力随之升高,使膜片气室内的压力也升高,破坏了原有的平衡,使膜片上移,有部分气流经溢流孔,经阀体上部的排气口排出,在膜片上移的同时,阀芯在弹簧 8 的作用下也随之上移,减小进气阀口开度,节流作用加大,输出压力下降,直至达到膜片两端作用力重新平衡为止,输出压力基本上又回到原数值上;相反,输入压力下降时,进气节流阀口开度增大,节流作用减小,输出压力上升,使输出压力基本回到原数值上。

（2）先导式减压阀

图 2-3 所示为普通型内部先导式减压阀结构图。其工作原理是:顺时针旋转手轮,调压弹簧被压缩,上膜片组件推动先导阀芯开启,输入气体通过恒节流孔流入上膜片下腔,此气压力与调压弹簧力相平衡;上膜片下腔与膜片下腔相通,气压推下膜片组件,通过阀杆将主阀芯打开,则有出口压力,同时,此出口压力通过反馈孔进入下膜片下腔,与上腔压力相平衡,以维持出口压力不变。

减压阀选择时应根据气源压力确定阀的额定输入压力,气源的最低压力应高于减压阀最高输出压力 0.1 MPa 以上。减压阀一般安装在空气过滤之后、油雾器之前。

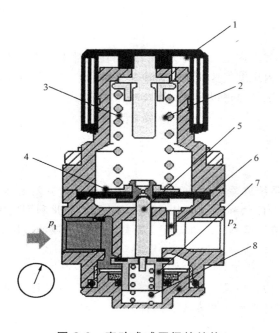
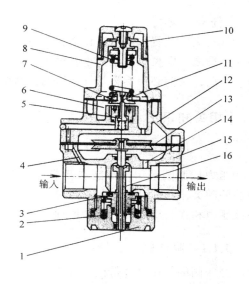

图 2-2　直动式减压阀的结构

1—调节手柄；2、3—调压弹簧；4—膜片；
5—阀杆；6—阻尼孔；7—阀芯；
8—复位弹簧

图 2-3　普通型内部先导式减压阀的结构

1—下阀盖；2—复位弹簧；3—主阀芯；4—恒节流孔；
5—先导阀芯；6—上膜片下腔；7—上膜片；
8—上阀盖；9—调压弹簧；10—手轮；
11—上膜片组件；12—中盖；
13—下膜片组件；14—反馈孔；
15—阀体；16—阀杆

1.1.2　溢流阀

溢流阀的作用是当系统压力超过调定值时，便自动排气，使系统的压力下降，以保证系统安全，故也称其为安全阀。按控制方式分，溢流阀有直动式和先导式两种。

（1）直动式溢流阀

如图 2-4 所示，将阀 P 口与系统相连接，O 口通大气。当系统内压力升高，一旦大于溢流阀调定压力时，气体向上推开阀芯，经上部的阀口再经 O 口排至大气，使系统压力稳定在调定值，保证系统安全。当系统压力低于调定值时，在弹簧作用力下阀口关闭。开启压力的大小与调整弹簧的预压缩量有关。

（2）先导式溢流阀

先导式溢流阀是由先导阀和主阀两个部分组成的。其中，先导阀为减压阀，主阀为溢流阀。

如图 2-5 所示。经过先导式减压阀减压后的空气从上部远程控制口 K 口进入阀内，以代替直动型的弹簧控制溢流阀。先导型溢流阀适用于管道通径较大及远距离控制的场合。溢流阀选用时其最高工作压力应略高于所需控制压力。

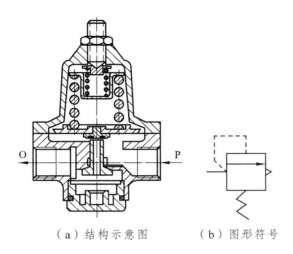

（a）结构示意图　　　（b）图形符号

图 2-4　直动式溢流阀

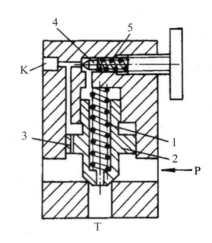

图 2-5　先导式溢流阀的结构

1—主阀弹簧；2—阀芯；3—阻尼孔；
4—导阀；5—弹簧

（3）溢流阀的应用

溢流阀在气压传动系统和液压传动系统中很重要，其主要应用如下：

① 起溢流调压作用：当系统压力过高的时候，通过溢流来调定系统压力，阀随压力升高而开启，高压气体通过溢流阀排出，当压力降到调定压力后，溢流阀自动关闭，保证了系统压力稳定。

② 起安全保护作用：把溢流阀旁接在系统上，用来限制系统的最大压力值，避免引起过载事故，阀口为常闭。

③ 作卸荷阀用：由先导式溢流阀配合二位二通阀使用，可使系统卸荷。

④ 作背压阀用：在液压控制系统中，将溢流阀串联在回油路上，产生被压，使执行元件运动平稳，多用直动式溢流阀。

⑤ 作远程调压阀用：用直动式溢流阀连接先导式溢流阀的远程控制口，实现远程调压。

如图 2-6 所示的回路中，气缸行程长，运动速度快，如单靠减压阀的溢流孔排气作用，难以保持气缸的右腔压力恒定。为此，在回路中装有溢流阀，并使减压阀的调定压力低于溢流阀的设定压力，缸的右腔在行程中由减压阀供给减压后的压力空气，左腔经换向阀排气。由溢流阀配合减压阀控制缸内压力并保持恒定。

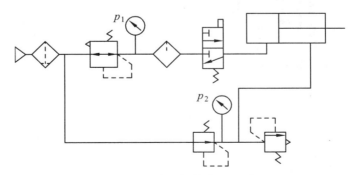

图 2-6　溢流阀的应用回路

1.1.3 顺序阀

顺序阀的作用是依靠气路中压力的大小来控制机构按顺序动作。

（1）压力顺序阀

图 2-7 所示是未驱动时的压力顺序阀的结构示意图，图 2-8 所示是已驱动时的压力顺序阀结构示意图。当控制口 12 上的压力信号达到设定值时，压力顺序阀动作，进气口 1 与工作口 2 接通。如果撤销控制口 12 上的压力信号，则压力顺序阀在弹簧作用下复位，进气口 1 被关闭。通过压力设定螺钉可无级调节控制信号压力大小。

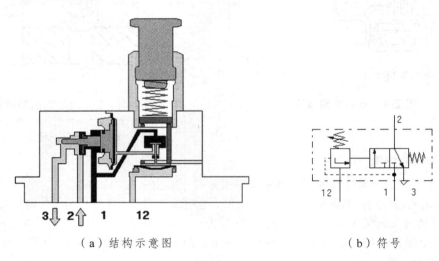

（a）结构示意图   （b）符号

图 2-7　压力顺序阀（未驱动）

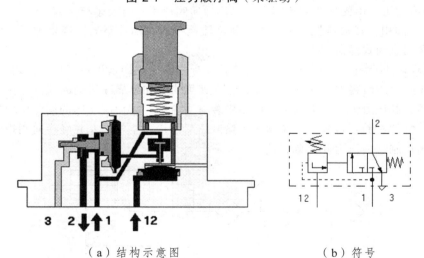

（a）结构示意图   （b）符号

图 2-8　压力顺序阀（已驱动）

（2）单向顺序阀

顺序阀常与单向阀并联结合成一体，称为单向顺序阀。

图 2-9 所示为单向顺序阀的工作原理示意图，当压缩空气由 P 口进入左腔后，作用在活塞

上的力小于弹簧上的力时，阀处于关闭状态，见图 2-9（a）。而当作用于活塞上的力大于弹簧力时，活塞被顶起，压缩空气经左腔流入右腔由 A 口流出，然后进入其他控制元件或执行元件，此时单向阀关闭。当切换气源时（图 b 所示），左腔压力迅速下降，顺序阀关闭，此时右腔压力高于左腔压力，在气体压力差作用下，打开单向阀，压缩空气由右腔经单向阀流入左腔向外排出。

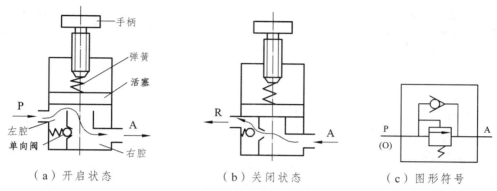

（a）开启状态　　　　　（b）关闭状态　　　　　（c）图形符号

图 2-9　单向顺序阀的工作原理示意图及符号

（3）顺序阀的应用

顺序阀的基本功能是控制多个执行元件的顺序动作，根据其功能的不同，分别称为顺序阀、背压阀、卸荷阀和平衡阀。 顺序阀的性能与溢流阀基本相同，但由于功能的不同，对顺序阀还有其特殊的要求：

① 为了使执行元件准确实现顺序动作，要求顺序阀的调压精度高，偏差小。

② 为了顺序动作的准确性，要求阀关闭时内泄漏量小。

③ 对于单向顺序阀，要求反向压力损失及正向压力损失值均应较小。

顺序阀的主要应用有：① 控制多个元件的顺序动作；② 用于保压回路；③ 防止因自重引起气缸活塞自由下落而作为平衡阀用；④ 用外控顺序阀作为卸荷阀，使泵卸荷；⑤ 用内控顺序阀作背压阀。

图 2-10 所示为用顺序阀控制两个气缸顺序动作的原理图。压缩空气先进入气缸 1，待建立一定压力后，打开顺序阀 4，压缩空气才开始进入气缸 2 使其动作。切断气源，气缸 2 返回的气体经单向阀 3 和排气孔 O 排空。

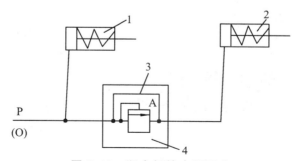

图 2-10　顺序阀的应用回路

1.2　流量控制阀

流量控制阀是在一定压力差下，依靠改变节流口的大小来控制节流口的流量，从而调节执行元件运动速度的阀类。流量控制阀包括节流阀、单向节流阀、排气阀等。

1.2.1 节流阀

节流阀是通过改变节流截面或节流长度以控制流体流量的阀门，如图 2-11 所示。将节流阀和单向阀并联则可组合成单向节流阀。

常见的节流口形状如图 2-12 所示。对于节流阀调节特性的要求是流量调节范围大、阀芯的位移量与通过的流量呈线性关系。节流阀节流口的形状对调节特性影响大。对于针阀来说，当阀的开度较小时调节比较灵敏，当超过一定开度时，调节流量的灵敏度就差了。三角沟槽型通流面积与阀芯位移量呈线性关系。圆珠斜切型的通流面积与阀芯位移量呈指数（指数大于 1）关系，能进行小流量精密调节。

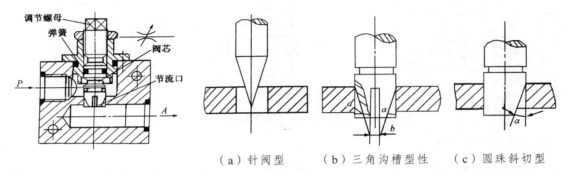

（a）针阀型   （b）三角沟槽型性   （c）圆珠斜切型

图 2-11   节流阀的结构示意图   图 2-12   常用节流口形式

1.2.2 可调节流阀

可调节流阀如图 2-13 所示，开口度可无级调节，并可保持其开口度不变。可调节流阀具有双向节流作用。

图 2-14 所示是几种常用的可调节流阀。可调节流阀常用于调节气缸活塞运动速度，若有可能，应直接安装在气缸上。使用节流阀时，节流面积不宜太小，因空气中的冷凝水、尘埃等塞满阻流口通路会引起节流量的变化。

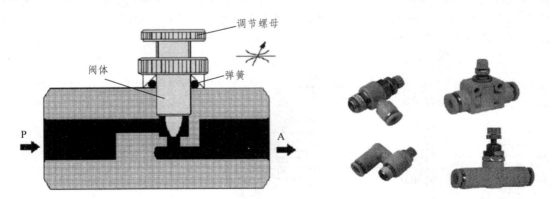

图 2-13   可调节流阀的结构示意图及符号   图 2-14   可调节流阀的实物图

1.2.3 可调单向节流阀

可调单向节流阀是由单向阀和节流阀组合而成的，常用于控制气缸的运动速度，也称为速度控制阀。可调单向节流阀能够调节压缩空气流量，带锁定螺母，即对其开口度锁定。可调单向节流阀只能在一个方向上对流量进行控制。此阀常用于单向节流调速回路中。

如图 2-15 所示，当气流从 1 口进入，单向阀被顶在阀座上，压缩气体只能从节流口流向出口 2，流量被节流阀节流口的大小所限制，调节螺钉可以调节节流面积。当压缩气体从 2 口进入时，推开单向阀自由流到 1 口，不受节流阀限制。

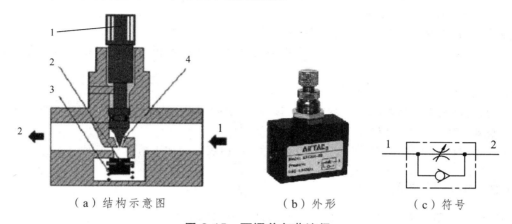

（a）结构示意图　　　　（b）外形　　　　（c）符号

图 2-15　可调单向节流阀

1—调节旋钮；2—单向阀阀芯；3—调压弹簧；4—节流口

1.2.4　带消声器的排气节流阀

带消声器的排气节流阀通常安装在换向阀的排气口上，控制排入大气的流量，以改变气缸的运动速度。排气节流阀常带有消声器，可降低噪声 20 dB 以上。这种节流阀在不清洁的环境中，能防止污染物通过排气孔污染气路中的元件。一般用于换向阀和气缸之间不能安装速度控制阀的场合及带阀气缸上。排气节流阀的节流原理和节流阀一样，也是靠调节通流面积来调节阀的流量的。

图 2-16 所示为排气节流阀的工作原理示意图及外形和符号，气流从 1 口进入阀内，由节流口节流后经消声套排出。因而它不仅能调节执行元件的运动速度，还能起到降低排气噪声的作用。

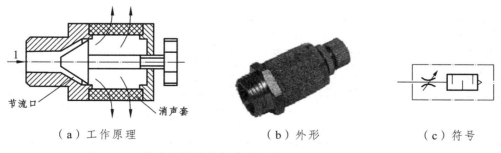

（a）工作原理　　　　（b）外形　　　　（c）符号

图 2-16　带消声器的排气节流阀的工作原理及符号和外形

1.2.5　流量控制阀的使用

用流量控制阀控制执行元件的运动速度，除了在极少数场合（如气缸推举重物）采用进气节流方式外，一般均采用排气节流方式，以便获得更好的速度稳定性和动作的可靠性。但由于气体的可压缩性大，气压传动速度控制比液压传动困难。特别是在超低速控制中，单用气动很难实现。一般气缸的运动速度不得低于 30 mm/s。在使用流量控制阀控制执行元件时要注意以下几点：

① 安装时，应事先将配管吹净，应确认阀的流动方向没有装反。流量控制阀上有箭头标示，箭头指向为控制流动方向。

② 气缸缸径不能太小，否则难以控制速度。

③ 气缸至速度控制阀之间的配管容积不能远大于气缸容积，否则，就很难控制气缸的速度。

④ 管道上不能存在漏气现象。

⑤ 流量控制阀应尽量靠近气缸安装，以减少气体压缩对速度的影响；否则，响应时间过长，气缸速度有可能难以控制。

⑥ 气缸和活塞间的润滑要好。要特别注意气缸内表面的加工精度和表面粗糙度。

1.3 方向控制阀

用以改变管道内流体的流动方向的控制元件叫方向控制阀。

在说到换向阀的时候，我们会说这个阀是几位几通阀，那么什么是"位"，什么是"通"呢？所谓换向阀的"位"，是为了改变流体流动方向，阀芯相对于阀体应有不同的工作位置，这个工作位置数叫做"位"。职能符号中的方格表示工作位置，三个格为三位，两个格为二位。换向阀有几个工作位置就相应的有几个方格，即几个位。所谓换向阀的"通"，是当阀芯相对于阀体运动时，让不同的接口连通，从而改变流体的流动方向，这些接口就叫做"通"。通常情况下：P 为进气口，A（B）为工作口，R（S）为排气口。

阀中的通口用数字表示，符合 ISO5599-3 标准。通口即可用数字，也可用字母表示。见表 2-1。

表 2-1 方向控制阀的通口符号

通口	数字表示	字母表示	通口	数字表示	字母表示
输入口	1	P	排气口	5	R
输出口	2	B	输出信号清零	（10）	（Z）
排气口	3	S	控制口（1、2 口接通）	12	Y
输出口	4	A	控制口（1、4 口接通）	14	Z

1.3.1 方向控制阀的分类

方向控制阀的品种规格相当多，了解其分类就比较容易掌握它们的特征，以利于选用。

（1）按阀内气流的流通方向分类

只允许气流沿一个方向流动的控制阀叫单向型控制阀，如单向阀、快速排气阀等。可以改变气流流动方向的控制阀叫换向型控制阀，如二位二通阀、三位五通阀等。

（2）按控制方式分类

按照控制方式可分为电磁阀、机械阀、气控阀、人控阀。其中电磁阀又可以分为单电控和双电控阀两种；机械阀可分为球头阀，滚轮阀等多种；气控阀也可分为单气控和双气控阀；人力阀可以分为手动阀，脚踏阀两种。

（3）按工作原理分类

按工作原理可以分为直动阀和先导阀，直动阀就是靠人力或者电磁力、气动力直接实现换向要求的阀；先导阀是由先导头和阀主体两部分构成，由先导头活塞驱动阀主体里面的阀杆实现换向。

1.3.2　单向阀

单向阀又称止回阀或逆止阀。单向阀是气体只能沿进气口流入、出气口流出，出气口介质却无法回流的装置。要求其正向气体流过时压力损失小，反向截止时密封性能好。

单向阀由阀体、阀芯、弹簧等组成，结构简单。如图 2-17 所示，当进气口有压缩空气时，进气口压缩空气的压力克服弹簧弹力，阀芯左移，打开阀口，气体流通；当进气口没有压缩空气时，阀芯在弹簧力的作用下自动复位，阀口关闭。整个过程如图 2-18 所示。

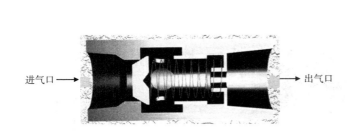

进气口 →　　　　　　　　　→ 出气口

图 2-17　单向阀的结构示意图

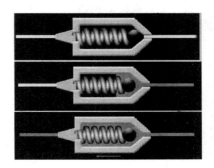

图 2-18　单向阀的工作示意图

注意事项：安装单向阀时，应特别注意介质流动方向，应使介质正常流动方向与阀体上指示的箭头方向相一致，否则就会截断介质的正常流动。

1.3.3　快速排气阀

为了减小流阻，压缩空气从大排气口排出，从而提高了气缸活塞的运动速度。为了降低排气噪声，这种阀一般带消声器

快速排气阀可使气缸活塞运动速度加快，特别是在单作用气缸情况下，可以避免其回程时间过长。为了减小流阻，快速排气阀应靠近气缸安装，压缩空气通过大排气口排出。

如图 2-19 所示，沿进气口 P 至排气口 A 方向，由于单向阀开启，压缩空气可自由通过，排气口 R 被阀芯关闭；若进气口不再供压，则阀芯下落，关闭进气口 P，此时，出气口 A 和排

气口 R 相通，系统内的压缩空气从大排气口 3 快速排出。

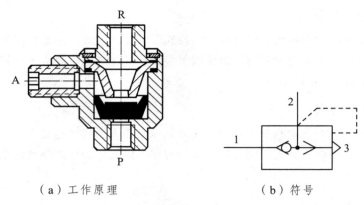

（a）工作原理   （b）符号

图 2-19 快速排气阀的工作原理示意及符号

1.3.4 气控换向阀

气控换向阀是以压缩空气为动力切换气阀，使气路换向或通断的阀类。一般来说，其种类较多。下面仅介绍一些常用的气控换向阀。

（1）二位五通换向阀

二位五通换向阀以滑柱式换向阀居多，这种换向阀有单气控换向阀和双气控换向阀。单气控换向阀的结构如图 2-20 所示。

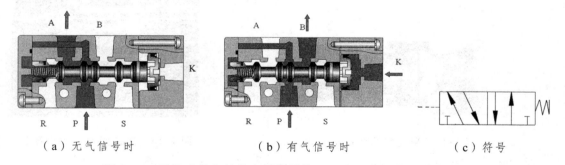

（a）无气信号时   （b）有气信号时   （c）符号

图 2-20 滑柱式单气控换向阀的结构及工作原理示意图和符号

a. 单气控换向阀

单气控二位五通换向阀的工作原理是：当没有气体控制信号时，弹簧作用，阀芯右移，此时 P 口和 A 口相通，B 口和 S 口相通，R 口截止。当有气体控制信号时，控制信号的气压力克服弹簧力，使阀芯左移，此时 P 口和 B 口相通，A 口和 R 口相通，S 口截止。

b. 双气控换向阀

双气控换向阀的结构见图 2-21。

双气控二位五通换向阀的工作原理是：当 K1 有气信号，K2 无气信号时，滑柱式阀芯右移，此时 P 口和 A 口相通，B 口和 S 口相通，R 口截止。当 K2 有气信号，K1 无气信号时，阀芯左移，此时 P 口和 B 口相通，A 口和 R 口相通，S 口截止。

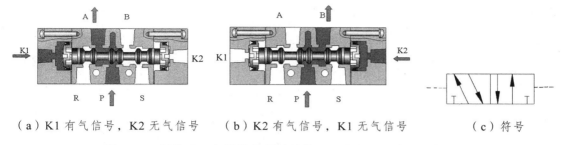

（a）K1 有气信号，K2 无气信号　　（b）K2 有气信号，K1 无气信号　　（c）符号

图 2-21　滑柱式双气控换向阀的结构及工作原理示意图和符号

双气控换向阀不能两边同时有气信号，否则，阀会出现误动作，这种阀可以保持上一次动作的状态，所以，这种阀具有"工位记忆"功能。

在滑柱式换向阀中，阀芯与阀套之间的间隙一般不超过 0.002 ~ 0.004 mm。

（2）其他气控换向阀

常用的换向阀还有二位三通换向阀、二位四通换向阀、三位五通换向阀等，其原理和二位五通换向阀基本相同。

1.3.5　机控换向阀

二位三通机控换向阀如图 2-22 所示。其工作原理是：复位弹簧将阀芯挤压在阀座上，从而使阀口关闭，进气口 P 和出气口 A 不通。该换向阀未驱动时，其进气口 P 关闭，工作口 A 与排气口 T 相通。当压杆被外力压下时，外力克服弹簧力和复位弹簧的弹力，阀芯下移，阀口打开，使进气口 P 和出气口 A 相通。

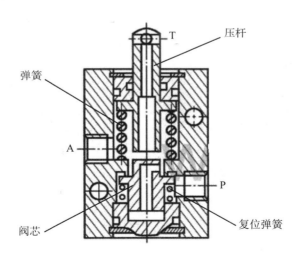

图 2-22　二位三通换向阀结构图

其他常见的机控换向阀如图 2-23 ~ 图 2-25 所示。

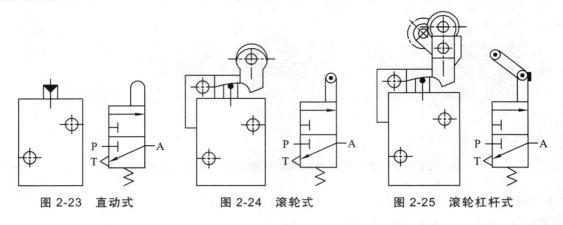

图 2-23　直动式　　　　　图 2-24　滚轮式　　　　　图 2-25　滚轮杠杆式

1.3.6　人控换向阀

人控换向阀和机控换向阀工作原理相似，不同点是驱动不同，人控换向阀由人的手或脚来驱动换向阀动作，而机控换向阀是通过非生命的机械部件来驱动换向阀动作。常见的人控换向阀如图 2-26 所示。

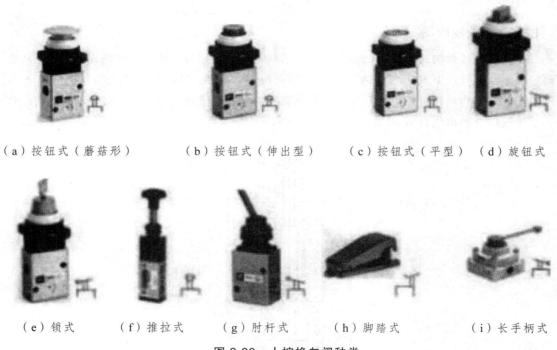

（a）按钮式（蘑菇形）　　（b）按钮式（伸出型）　　（c）按钮式（平型）　　（d）旋钮式

（e）锁式　　　　（f）推拉式　　　　（g）肘杆式　　　　（h）脚踏式　　　　（i）长手柄式

图 2-26　人控换向阀种类

1.3.7　电控换向阀

电控换向阀也叫电磁换向阀，是以电磁力为驱动力，驱动阀芯的移动，从而控制各阀口的通断。电磁换向阀如图 2-27 所示。

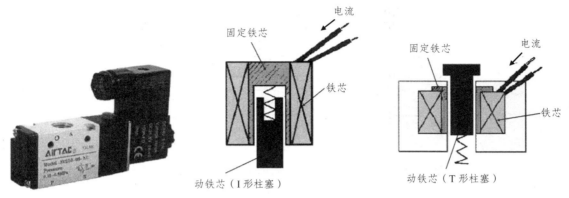

图 2-27 电磁阀芯的外形及结构示意图

（1）电磁阀的工作原理

电磁阀的工作原理是：当电磁线圈得电时，由电磁学原理可知：电磁力使阀芯向上移动（对于 T 形柱塞来说，电磁力使阀芯向下移动）。断电时弹簧复位。其工作过程演示如图 2-28 所示。

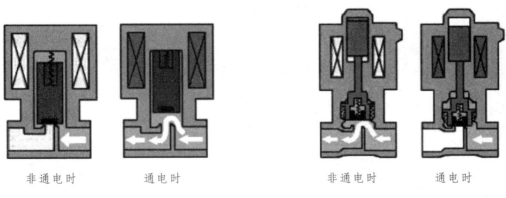

（a）常闭电磁阀的工作原理示意图　　　　（b）常开电磁阀的工作原理示意图

图 2-28 电磁阀的工作过程示意图

（2）常用的电磁换向阀

a. 直动式电磁换向阀

其工作原理是：由电磁铁的衔铁直接推动换向阀的阀芯，从而达到换向的目的。直动式电磁换向阀可分为单控电磁换向阀和双控电磁换向阀。

直动式单电控电磁换向阀如图 2-29 所示，单控电磁换向阀阀芯的移动靠电磁铁，而复位靠弹簧，因而换向冲击较大，一般制成小型电磁换向阀。

直动式双电控电磁换向阀如图 2-30 所示，将单控电磁换向阀阀芯复位弹簧改成电磁铁就成为双控电磁换向阀，该阀的两个电磁铁只能交替工作，不能同时得电，否则会产生误动作或烧坏线圈。这种阀具有"工位记忆"功能。

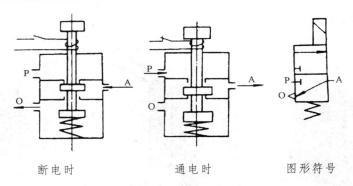

断电时　　　　　　　通电时　　　　　　图形符号

图 2-29　直动式单电控电磁阀的工作原理示意图及符号

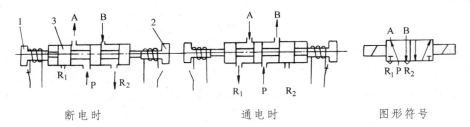

断电时　　　　　　通电时　　　　　　图形符号

图 2-30　直动式双电控电磁阀的工作原理示意图及符号

1、3—电磁铁；2 阀芯

b. 先导式电磁换向阀

先导式电磁换向阀为两个阀结合而成，由电磁先导阀输出先导压力，此先导压力再推动主阀阀芯使阀换向。先导式电磁换向阀可分为单电控式和双电控式。

单电控先导式电磁换向阀的结构和工作原理如图 2-31 所示。

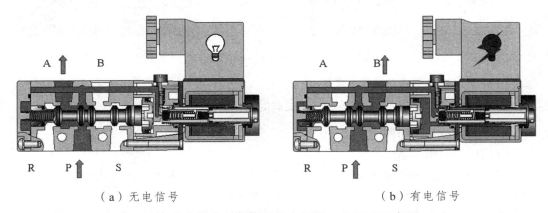

（a）无电信号　　　　　　　　　　　　（b）有电信号

图 2-31　单电控先导式电磁换向阀的工作原理示意图

单电控先导式换向阀的工作原理是：当无电信号时，电磁先导阀没有打开，阀芯在弹簧力的作用下右移，此时 P 口和 A 口相通，B 口和 S 口相通，R 口截止。当有电信号时，电磁线圈产生磁力，电磁阀打开，高压气体经电磁阀口进入主阀右腔，克服弹簧力作用，阀芯左移，此时此时 P 口和 B 口相通，A 口和 R 口相通，S 口截止。

双电控先导式电磁换向阀的结构和工作原理如图 2-32 所示。

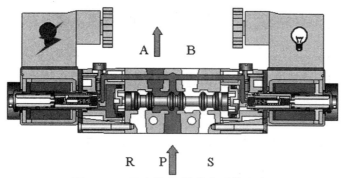

图 2-32　双电控先导式电磁换向阀

双电控先导式换向阀的工作原理是：当左边有电信号，右边无电信号时，阀芯右移，此时，此时 P 口和 A 口相通，B 口和 S 口相通，R 口截止。当右边有电信号，左边无电信号时，阀芯左移，此时 P 口和 B 口相通，A 口和 R 口相通，S 口截止。

先导式电磁阀不能同时得电，否则会产生误动作或烧坏线圈。这种阀也具有"工位记忆"功能。

（3）几种常用电磁阀的图形符号和简单说明

① 单电控二位三通阀，常开式，弹簧复位，如图 2-33 所示，当电磁线圈得电时，单电控二位三通阀的 1 口与 2 口接通。电磁线圈失电，单电控二位三通阀在弹簧作用下复位，则 1 口关闭。

② 单电控二位三通阀，常闭式，弹簧复位，如图 2-34 所示，当电磁线圈得电时，单电控二位三通阀的 1 口关闭，2 口与 3 口接通。电磁线圈失电，单电控二位三通阀在弹簧作用下复位，则 1 口与 2 口接通，3 口关闭。

③ 单电控二位五通阀，弹簧复位，如图 2-35 所示，当电磁线圈得电，单电控二位五通阀的 1 口与 4 口接通，2 口与 3 口接通，5 口截止。电磁线圈失电，单电控二位五通阀在弹簧作用下复位，则 1 口与 2 口接通，4 口与 5 口接通，3 口截止。

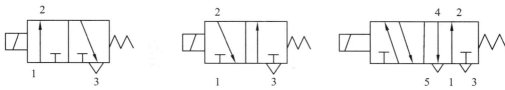

图 2-33　单电控二位三通阀　　图 2-34　单电控二位三通阀　　图 2-35　单电控二位五通阀
　　　　　（常开式）　　　　　　　　　（常闭式）　　　　　　　　　（弹簧复位）

④ 双电控二位五通阀，如图 2-36 所示，当左位电磁线圈得电，双电控二位五通阀的 1 口与 4 口接通，2 口与 3 口接通，5 口截止，且具有记忆功能，只有当另一个电磁线圈得电，同时左位电磁线圈失电，双电控二位五通阀的 1 口与 2 口接通，4 口与 5 口接通，3 口截止。

⑤ 双电控三位五通阀，中封式，如图 2-37 所示，当左位电磁线圈得电，双电控三位五通阀的 1 口与 4 口接通，2 口与 3 口接通，5 口截止，且具有记忆功能，只有当另一个电磁线圈得

电,同时左位电磁线圈失电,双电控二位五通阀的1口与2口接通,4口与5口接通,3口截止。如果两端都没有得电,则双电控三位五通阀在弹簧作用下复位,即所有口都不通。

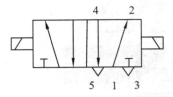

图 2-36 双电控二位五通阀

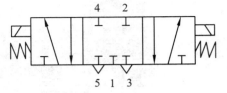

图 2-37 双电控三位五通阀（中封式）

【知识拓展】 气动逻辑元件

气动逻辑元件是一种控制元件。它是在控制气压信号下,通过元件内部的可动部分（如膜片、阀芯等）来改变气流运动方向,从而实现各种逻辑功能。逻辑元件也称为开关件。气动逻辑元件具有气流通道孔径较大、抗污染能力强、结构简单、成本低、工作寿命长、响应速度慢等特点。气动逻辑元件按工作压力可分为高压元件（工作压力为 0.2 ~ 0.8 MPa）、低压元件（工作压力为 0.02 ~ 0.2 MPa）及微压元件（工作压力为 0.02 MPa 以下）。

气动逻辑元件按逻辑功能分为"与"门元件、"或"门元件、"非"门元件、"或非"元件、"与非"元件、双稳元件等,常见的有滑阀式、截止式、膜片式等。它们之间的不同组合可完成不同的逻辑功能。

1."与"功能阀（又称双压阀）

如图 2-38 所示,双压阀有两个输入口（1）和一个输出口（2）。双压阀主要用于互锁控制、安全控制、检查功能或者逻辑操作。若只有一个输入口有气信号,则输出口（2）没有气信号输出,只有两个输入口同时有气信号的时候,则输出口才有气信号输出。双压阀相当于两个输入元件串联。

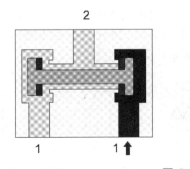
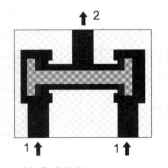

图 2-38 "与"功能阀

2."或"功能阀（又称梭阀）

如图 2-39 所示,梭阀有两个输入口（1）和一个输出口（2）。若在一个输入口上有气信号,则与该输入口相对的阀口就被关闭,且在输出口（2）上有气信号输出。注意:其与双压阀在结构上有相似性。这种阀具有"或"逻辑功能,即只要在任意一输入口上有气信号,在输出口上就会有气信号。

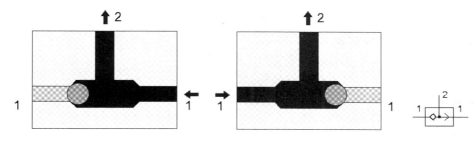

图 2-39　梭阀

3. 延时阀

延时阀（见图 2-40）具有延迟发出气动信号的功能。在不允许使用时间继电器（电控）的场合（如易燃、易爆、粉尘大等），用气动时间控制就显示出其优越性。

延时阀是一个组合阀，其由二位三通换向阀、单向可调节流阀和气室组成。延时阀是使气流通过气阻（如小孔、缝隙等）节流后到气室（储气空间）中，经一定时间气室内建立起一定压力后，再使阀芯换向的阀。二位三通换向阀既可以是常开式，也可以是常闭式。通常，延时阀的时间调节范围为 0～30 s。通过增大气室，可以使延长时间加长。

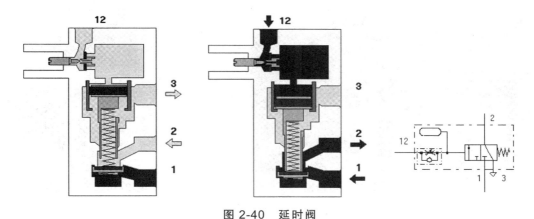

图 2-40　延时阀

（1）延时阀，常开式

常开式延时阀由二位三通换向阀、单向可调节流阀和气室组成。当控制口 12 上的压力达到设定值时，单气控二位三通阀动作，进气口 1 与工作口 2 接通，见图 2-41。

（2）延时阀，常闭式

常闭式延时阀由二位三通换向阀、单向可调节流阀和气室组成。当控制口 10 上的压力达到设定值时，单气控二位三通阀动作，进气口 1 与工作口 2 关闭，见图 2-42。

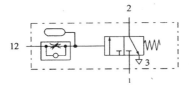

图 2-41　延时阀（常开式）

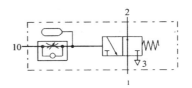

图 2-42　延时阀（常闭式）

【技能训练一】　电磁换向阀的拆装

1. 技能训练的目的与要求

① 熟悉并掌握电磁换向阀的内部结构与工作原理。

② 能够正确使用拆装工具，在拆装过程中不可损伤零件。

③ 能够看懂拆装流程示意图。

④ 会根据注意事项进行无图拆装。

⑤ 能对拆下的易损零件进行一般检测。

2. 所需设备及工具

电磁换向阀 1 个，内六角扳手 1 套，一字螺丝刀 2 把，十字螺丝刀 2 把，润滑油适量，化纤布料适量。

3. 实施步骤

① 准备一个干净的场地，用来作为实训的工作场地。

② 检查设备、工具是否齐全，并把工具有规律的摆放整齐。

③ 按照以下图片进行拆装，在拆装前要认真阅读注意事项。

图 2-43　电磁换向阀拆装实物图

图 2-44　拆除固定座

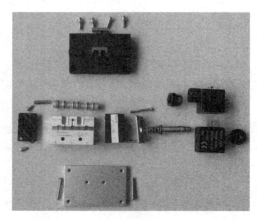

图 2-45　拆分电磁部分及拆解阀体

④ 结合电磁阀的知识，对各部件进行熟悉。

⑤ 最后，按照拆解的相反顺序把电磁阀装配好。

4. 拆装注意事项

① 拆下的零件按次序摆放，不应落地、划伤、锈蚀等。

② 拆、装螺栓组时应对角依次拧松或拧紧。

③ 需顶出零件时，应使用铜棒适度击打，切忌用钢、铁棒。

④ 安装前的零件清洗后应晾干，切忌用棉纱擦拭。

⑤ 应更换老化的密封。

⑥ 安装时应参照图或拆卸记录，注意定位零件。

⑦ 安装完毕，通气调试，检查阀芯滑动是否顺利。

⑧ 请检查现场有无漏装零件。

任务 2 气动传感与检测元件的选用

【任务引入】

气源装置能够提供高压的压缩空气，空气调压阀可以调定合适的压力，压缩空气推动活塞杆运动去夹紧工件，我们又如何判断工件是否夹紧了？需要什么样的检测元件来告知系统，工件已被夹紧或者没有夹紧，是否需要重新夹紧？

【任务分析】

气动夹紧装置是一套带反馈的压力控制系统，工件是否夹紧，我们采用气动传感元件来判断。为此，我们必须知道气动传感元件。

【相关知识】

2.1 磁感应开关

磁感应开关包括磁体以及与磁体相对布置的感应线圈，感应线圈的输出端与开关电路的输入端连接，开关电路的输出端串接在电源的输入端上，见图 2-46。

图 2-46 磁感应开关的实物图

磁感应开关是利用磁石使开关的导片动作。通过将引导开关置于 ON，使开关打开。图 2-47 所示是磁感应开关的接线图。

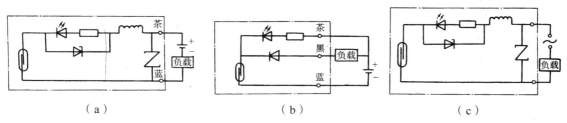

（a）　　　　　　　（b）　　　　　　　（c）

图 2-47 磁感应开关的接线方法

磁感应开关具有抗干扰能力强，防水性能好，动作距离远，能耐高温等优点，广泛应用于冶金、机械、矿山、电力、铁路、军工、纺织、造纸、化工、塑料等行业。

2.2 行程开关

行程开关是位置开关（又称限位开关）的一种。利用生产机械运动部件的碰撞使其触头动作来实现接通或分断控制气路或电路，达到一定的控制目的。通常，这类开关被用来限制机械运动的位置或行程，使运动机械按一定位置或行程自动停止、反向运动、变速运动或自动往返运动等。行程开关分为气动行程开关和电气式行程开关。

2.2.1 气动行程开关

前面所讲的机控式换向阀可作为气动行程开关。具体使用前面已经介绍，这里不再重述。

2.2.2 电气式行程开关

这种行程开关为保护内置微动开关免受外力、水、油、气体和尘埃等的损害，而组装在外壳内，尤其适用于对机械强度和环境适应性有特殊要求的地方，其结构如图 2-48 所示。

该类行程开关内部的电路由静触点、动触点、复位弹簧、操作柱等组成，见图 2-49。当有外力碰触操作柱时，操作柱向下移动，带动可动弹簧、动触点向下移动，促使动触点和下面的静触点接触，实现了控制电路的通、断控制。当外力消失时，操作柱在复位弹簧的作用下，回复原位，动触点和下面的静触点断开。

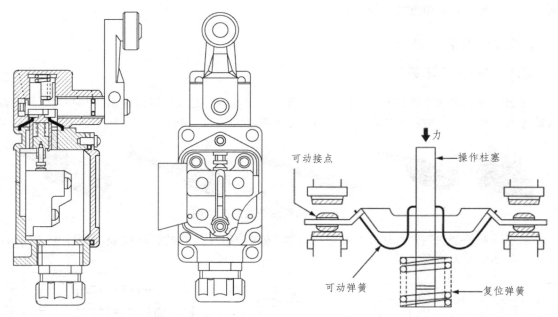

图 2-48　行程开关的结构示意图　　　　图 2-49　行程开关的内部开关电路示意图

2.2.3 行程开关的使用注意事项

① 请不要在有引火性气体、爆炸性气体等环境中单独使用开关。随着开关引起的电弧发热，会造成失火或爆炸等事故。

② 开关不是防水密封结构，因此在油或水喷溅、飞散或者有尘埃附着的地方，请用保护盖来防止直接飞沫，见图 2-50。

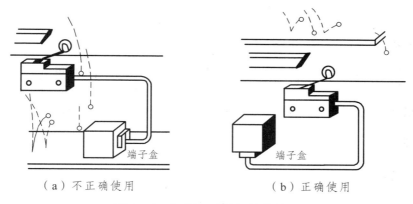

（a）不正确使用　　　　　　　　　（b）正确使用

图 2-50　行程开关的保护盖使用

③ 请将开关安装在不会直接接触到切屑或尘埃的位置。必须保证驱动杆和开关本体上不会堆积切削屑和泥状物质，见图 2-51。

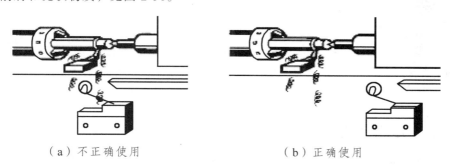

（a）不正确使用　　　　　　　　　（b）正确使用

图 2-51　行程开关的安装位置

④ 请不要在有热水（+60 ℃以上）的地方和水蒸气中使用。

⑤ 请不要在规定外的温度、户外空气条件下使用开关。各机种允许的环境温度不同。如果有急剧的温度变化，热冲击会导致开关松动，造成故障。

⑥ 操作人员不小心将开关安装在易发生误动作或事故的地方时，请加装外罩，见图 2-52。

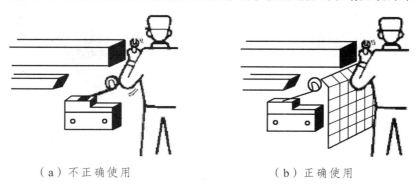

（a）不正确使用　　　　　　　　　（b）正确使用

图 2-52　加装外罩的使用

　⑦ 开关受到连续的振动和冲击时，产生的磨损粉末可能导致接点接触不良和动作失常、耐久性下降等问题。此外，如有过大的振动和冲击，可能会发生接点的误动作和破损等，因此请将其安装在不会受到振动和冲击的位置和不会发生共振的方向上。

2.3　机械式气动压力开关

　机械式气动压力开关（见图 2-53）是以气压力推动机械动作，实现电触点的通断。它分为膜片式、活塞式、膜盒式和波纹管式。膜片又分橡胶膜片和金属膜片两种，橡胶膜片用于低压，金属膜片比橡胶膜片承压高。膜盒式、波纹管式和活塞式用于较高压力。

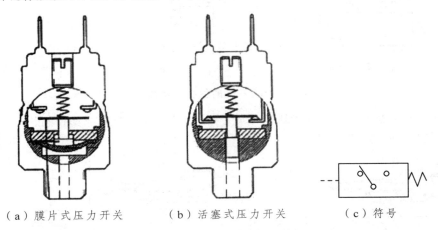

（a）膜片式压力开关　　　（b）活塞式压力开关　　　（c）符号

图 2-53　机械式气动压力开关及符号

2.4　真空压力开关

　真空压力开关如图 2-54 所示。真空压力开关的工作原理是：当系统内的压力高于或低于安全压力时，控制器内的压力感应器立即动作，使控制器内的触点接通或断开，此时设备停止工作；当系统内的压力回到设备的安全压力范围时，控制器内的压力感应器立即复位，使控制器内的触点接通或断开，此时设备正常工作。

（a）数字式真空压力开关　　　　　（b）小型（无数字显示）压力开关

图 2-54　真空压力开关外形

真空压力开关的特点如下：

① 外形小巧精致，安装使用方便，有多种接线、接口型式可供用户任意选择。

② 开关电接点工作寿命长达 100000 次以上，有单刀单掷、单刀双掷两种接点型式可供用户任意选择。

③ 全不锈钢压力感应器，工作可靠，空压精度极高，工作寿命长达 100 000 次以上，采用国际先进的焊接工艺设备，密封性能超群，无泄漏。

④ 工作压力可根据用户的要求进行制造，主要用于空调制冷系统、真空压力控制系统、水压控制系统、蒸汽压力控制系统、油气压力控制系统等，防止系统内的压力过高或过低保障系统始终在安全的工作压力范围内。

2.5　光电式传感器

光电式传感器是利用光的各种性质，检测物体的有无和表面状态的变化等的传感器。

光电传感器主要由发光的投光部和接受光线的受光部构成。如果投射的光线因检测物体不同而被遮掩或反射，到达受光部的量将会发生变化，受光部检测出这种变化，并转换为电气信号进行输出。投射光大多使用可视光（主要为红色，也用绿色、蓝色来判断颜色）和红外线。

2.5.1　普通光电传感器

普通光电传感器主要分为 3 类。

① 对射型（见图 2-55）。

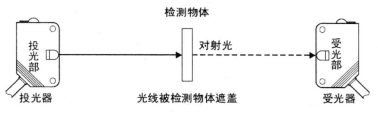

图 2-55　对射型光电传感器

② 扩散反射型（见图 2-56）。

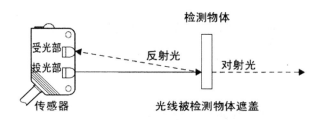

图 2-56　扩散反射型光电传感器

③ 回归反射型（见图 2-57）。

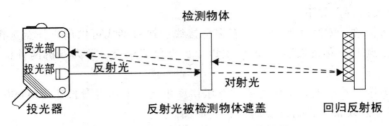

检测物体

投光器　受光部　投光部　反射光　对射光　反射光被检测物体遮盖　回归反射板

图 2-57　回归反射型光电传感器

2.5.2　光纤式传感器

光纤式传感器（见图 2-58）采用塑料或玻璃光纤来引导光线，以实现被检测物体的有无检测。通常光纤传感器分为对射式和漫反射式。

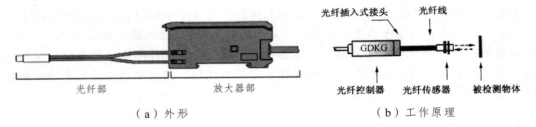

光纤部　放大器部

（a）外形

光纤插入式接头　光纤线
GDKG
光纤控制器　光纤传感器　被检测物体

（b）工作原理

图 2-58　光纤传感器

光电传感器的特点是：

① 检测距离长，能实现其他检测手段（磁性、超声波等）无法达到的长距离检测。

② 对检测物体的限制少。由于以检测物体引起的遮光和反射为检测原理，所以它可对玻璃、塑料、木材、液体等几乎所有物体进行检测。

③ 响应时间短。光本身为高速，并且传感器的电路都由电子零件构成，所以不包含机械性工作时间，响应时间非常短。

④ 分辨率高。能通过高级设计技术使投光光束集中为一个小光点，或通过构成特殊的受光光学系统，来实现高分辨率，可进行微小物体的检测和高精度的位置检测。

⑤ 可实现非接触的检测。可以无须机械性的接触来检测物体，因此不会对检测物体和传感器造成损伤，使传感器能长期使用。

⑥ 可实现颜色判别。利用被检测物体形成的光的反射率和吸收率有所差异，可对检测物体的颜色进行检测。

⑦ 便于调整。投射的可视光是人眼可见的，便于对检测物体的位置进行调整。

⑧ 对于光纤传感器，由于检测部分（光纤）没有电气线路，所以抗干扰性强。

2.6　电感式传感器

电感式传感器的外形和工作原理如图 2-59 所示。

电感式传感器一般用于检测金属等导体。

（a）外形

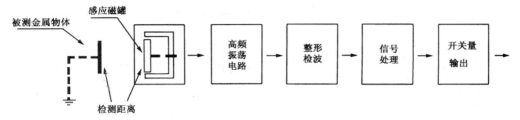

（b）工作原理

图 2-59 电感式传感器

2.7 电容式传感器

电容式传感器的外形和工作原理如图 2-60 所示。

（a）外形

（b）工作原理

图 2-60 电容式传感器的外形

电容式传感器不仅能对金属检测，也能对树脂、水等进行检测。

总结：电感式传感器和电容式传感器都属于接近开关，按结构不同，可以分为 NPN 型、PNP 型；按供电方式不同，接近开关可分为两线制接近开关和三线制接近开关，在使用中的接线要求如图 2-61、图 2-62 所示。

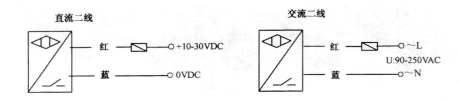

图 2-61   两线制接近开关接线图

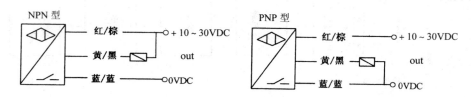

图 2-62   三线制接近开关接线图

接近开关的特点如下：

① 由于能以非接触方式进行检测，所以不会磨损和损伤检测对象。

② 由于采用无接点输出方式，因此使用寿命延长（磁力式除外）。

③ 与光检测方式不同，适合在水和油等环境下使用，检测时几乎不受检测对象的污渍和油、水等的影响。

④ 与接触式开关相比，可实现高速响应。

⑤ 能对应广泛的温度范围，有些传感器能在 – 40 ℃ ~ + 200 ℃ 的环境下使用。

⑥ 不受检测物体颜色的影响，只对检测对象的物理性质变化进行检测，所以几乎不受表面颜色等的影响。

⑦ 与接触式不同，会受周围温度、物体、同类传感器的影响。

【技能训练】   磁开关的应用

1. 技能训练的目的与要求

① 熟悉并掌握磁开关的工作原理。

② 能够正确选用和使用磁开关。

2. 所需设备及工具

稳压电源 DC24 1 台，气缸（带磁环）1 个，导线 4 m，电源线 1 m，磁开关（带插头）2 个。

3. 实施步骤

① 在气动实验台上按照图 2-63 把各元件固定好。

② 把两个磁开关分别固定在气缸的两端。

③ 按照图 2-63 把电源线、导线连接好。

④ 磁开关位置调整：打开稳压电源开关，用手推、拉气缸活塞杆，保证两个磁开关分别在活塞运动到气缸两端时，磁开关指示灯亮，最后固定好两个磁开关。

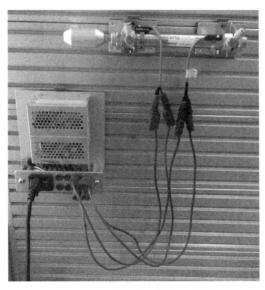

图 2-63 磁开关应用实训图

⑤ 磁开关损坏判断：如果磁开关指示灯不亮，首先检查磁开关的正负极是否接反，如果没有接反，则更换一个磁开关再试验。

⑥ 断电，收拾工具、设备，并摆放整齐。

4. 注意事项

① 注意用电安全，在连接电线时，切勿打开稳压电源开关。

② 磁开关的指示灯为发光二极管，不可把正负极接反，否则指示灯不亮。

③ 试验完成后一定要断电，确保安全。

☆ 项目实践

气功夹紧装置的设计、安装与调试

1. 前期准备

① 充分了解研究对象，收集相关信息。

② 组建团队。让学生成立项目小组，分派组员任务。

2. 制订项目实施计划

充分分析收集到的相关信息，明确其工作过程与要求，制订出合理的、可行的项目实施方案，详细列出项目实施进度表。

3. 设备与工具准备

气源装置（包括气动三联件）1套、气动试验台1台、气源三联件1套、气管剪1把、气管（内径分别是 10、8、6、4）适量、气缸若干、节流阀若干、换向阀若干、内六方扳手1套、活口扳手1套、其他工具若干。

4. 项目实施步骤

① 执行机构选型：分析图 2-64 所示的工件夹紧示意图，根据工件夹紧力的大小和工件的大小，计算并确定气缸的缸径、行程等参数，继而选择合适的气缸作为执行机构。

② 气动控制元件选型：本项目要求达到夹紧力大小可控，则需要选择合适的气动调压阀，保证耐压力要大于工作压力，确定最高使用压力、选择合适的调压范围等；要求气缸动作速度可调，需要选择合适的可调单向节流阀。（查阅选型手册，确定减压阀、可调单向节流阀的型号）

③ 根据给定的气动元件及回路图连接安装，用 $\phi 4$ 的气管线连接，参见图 2-65。

④ 通气，观察系统运行情况。

5. 考核与评价

此处略。

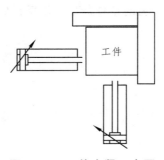

图 2-64　工件夹紧示意图

图 2-65　气动夹紧装置模拟控制图

☆　思考与练习

1. 何谓流量控制阀？它有哪些分类？请简述它的工作原理。

2. 什么是空气节流阀？为什么要用到空气节流阀？

3. 简述进气节流与排气节流有什么区别？

4. 简述直动式减压阀和先导式减压阀的工作原理。

5. 简述溢流阀的工作原理。

6. 从符号上如何区分减压阀和溢流阀？它们的本质区别是什么？

7. 简述压力顺序阀和气动行程开关的工作原理。

8. 什么是方向控制阀？它有几种类型？请简述其工作原理。

9. 何为换向阀的"位"与"通"？

10. 什么样的方向控制阀具有记忆功能？

11. 换向阀的操作方式有几种？试用符号表示。

12. 为何在大流量的场合采用先导式电磁阀而不采用直动式电磁阀？

项目三　冰淇淋喷巧克力机

☆ 项目描述

在制作冰淇淋时，往往会在冰淇淋表面喷涂一层巧克力作为装饰。图3-1所示就是冰淇淋喷巧克力机的示意图。气缸A可以启动喷枪阀，同时启动气缸B和气缸C，推动冰淇淋块缓缓前进，气缸C在与纵向行程成直角方向导引喷枪的运动；当气缸B到达前端位置时，气缸A关闭喷枪阀以及气缸B及气缸C，三个气缸均返回它们的起始位置。

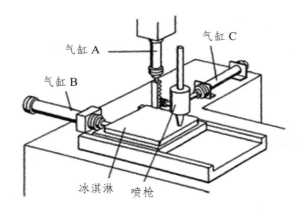

图3-1　冰淇淋喷巧克力机示意图

☆ 项目教学目标

1. 掌握几种方向控制回路及设计方法。
2. 掌握速度控制回路的绘制和简单设计。
3. 能够设计出简单的压力控制回路。
4. 掌握气动系统安装、调试、维护的基础知识。

任务1　气动控制回路设计

【任务引入】

冰淇淋喷巧克力机装置中，每一个气缸都由方向控制阀控制，实现有规律地伸出或者缩回。对于整个气动控制系统，我们采用什么样的气动控制回路来完成？

【任务分析】

冰淇淋喷巧克力机的气缸由方向控制阀控制，要实现既定的顺序动作，我们需要采用方向控制回路把各种气缸、方向控制阀等连接成一个整体，构成冰淇淋喷巧克力机的气动控制系统。为此，我们需要熟悉气动方向控制回路。

【相关知识】

1.1 方向控制回路

方向控制回路，是用换向阀控制压缩空气的流动方向，来实现控制执行机构运动方向的回路，简称换向回路。

1.1.1 单作用气缸换向回路

单作用气缸换向回路如图 3-2 所示，它只采用一个二位三通阀，当给电磁线圈通电时，气缸活塞杆伸出。当给电磁线圈断电时，气缸活塞杆弹簧复位。

1.1.2 双作用气缸换向回路

双作用气缸换向回路如图 3-3 所示，当电磁铁 1Y 通电、2Y 断电时，活塞杆缩回；当电磁铁 2Y 通电、1Y 断电时，活塞杆伸出；当电磁铁 1Y、2Y 均断电时，活塞杆保持在上一个状态的位置，具有位置记忆功能。注意：切不可使电磁铁 1Y、2Y 同时通电，否则会扰乱回路，甚至烧坏电磁铁。

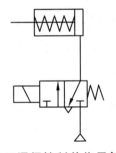

图 3-2 二位三通阀控制单作用气缸换向回路   图 3-3 二位五通阀控制双作用气缸换向回路

1.1.3 安全回路

由于气动机构负荷的过载、气压的突然降低以及气动执行机构的快速动作等原因都可能危及操作人员或设备的安全，在生产过程中，常采用安全保护回路。常用的安全保护回路有以下几种：

（1）过载保护回路

过载保护回路的作用是：当活塞杆在伸出途中，若遇到偶然障碍或其他原因使气缸过载时，活塞就立即缩回，实现过载保护。如图 3-4 所示，在活塞伸出的过程中，若遇到障碍 6，无杆腔压力升高，打开顺序阀 3，使阀 2 换向，阀 4 随即复位，活塞立即退回；同样，若无障碍 6，气缸向前运动时压下阀 5，活塞也即刻返回，实现了过载保护。

（2）互锁回路

图 3-5 所示回路是利用梭阀 1、2、3 和二位五通阀 4、5、6 对三个气缸 A、B、C 实现互锁，即一个缸动作，另两个缸则不能动作。例如，当电磁阀 7 换向时，指挥阀 4 换向，A 缸活塞杆伸出；与此同时，阀 4 的输出气流经梭阀 1、2 通向阀 5、6 的右控制口，使阀 5、6 处在复位状态，则 B、C 两缸的活塞杆不能伸出。

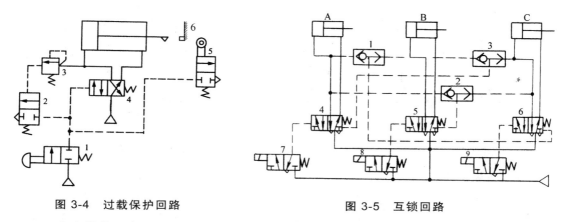

图 3-4　过载保护回路　　　　　　　　　　图 3-5　互锁回路

（3）安全操作回路

安全操作回路主要应用于锻造、冲压机械上，常用来避免误动作，以保护操作者的安全。如图 3-6 所示为双手同时操作安全回路，采用两个二位三通手动阀串联起来，要求这两个阀必须安装在单手不能同时操作的距离上，在操作时，如任何一只手离开时则控制信号消失，主控阀复位，活塞缩回。

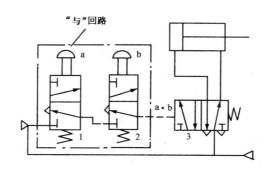

图 3-6　安全操作回路

1.1.4　顺序动作回路

顺序动作是指在气动回路中，各个气缸按一定的程序完成各自的动作，主要有单缸往复动作回路和多缸顺序动作回路。

（1）单缸往复动作回路

图 3-7 所示为单缸单往复动作回路，按下手控阀 1，二位五通阀 3 处于左位，气缸活塞伸出，当活塞杆挡块压下机控阀 2 后，二位五通阀 3 换至右位，气缸缩回，完成一次往复运动。

如图 3-8 所示为单缸多往复动作回路，当二位三通手控阀 3 换向，高压气体经二位二通机控阀 1 使二位五通阀 4 换向，气缸活塞杆伸出，二位二通机控阀 1 复位，活塞杆挡块压下行程阀 2 时，阀 4 换位至左位，活塞杆缩回，阀 2 复位，当活塞杆缩回压下行程阀 1 时，阀 4 再次换向，如此循环往复。

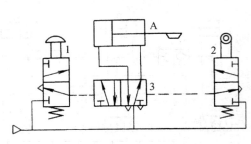

图 3-7 单缸单往复动作回路

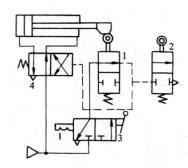

图 3-8 单缸多往复动作回路

（2）多缸顺序动作回路

如图 3-9 所示，当按下手控阀 E 后，阀 2 处于右位，气缸 A 活塞杆伸出，当气缸 A 活塞杆伸出到最右端后，在继续加压的情况下，单向顺序阀 C 打开，阀 1 处于左位，气缸 B 活塞杆伸出，至此，实现了气缸 A、B 的顺序伸出；当松开手控阀 E 后，阀 2 处于左位，气缸 A 活塞杆缩回，当气缸 A 活塞杆缩回到最左端后，在继续加压的情况下，单向顺序阀 D 打开，阀 1 处于右位，气缸 B 活塞杆缩回，至此，实现了气缸 A、B 的顺序缩回。

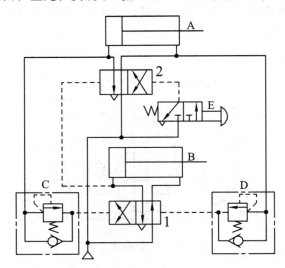

图 3-9 多缸顺序动作回路

1、2—二位四通阀；A、B—气缸；C、D—单向顺序阀；E—二位三通手控阀

1.1.5 节流同步回路

图 3-10 所示为节流同步回路，利用节流阀使流入和流出执行机构的流量保持一致。注意，这种回路要求两个气缸的无杆腔的有效面积必须相等，在设计和制造气缸的过程中，要保证活塞与缸体之间的密封。通过以上的回路就可以实现两个气缸的同步伸出、同步缩回。

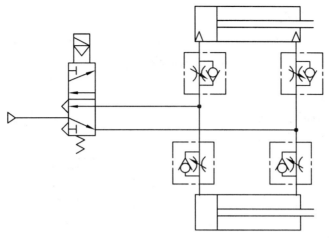

图 3-10　节流同步回路

1.2　压力控制回路

气动控制系统中，进行压力控制主要有两个目的：其一是为了提高系统的安全性，在此主要指一次压力控制（也称之为气源压力控制回路）；其二是给元件提供稳定的工作压力，使其能充分发挥元件的功能和性能，这主要是指二次压力控制（也称之为工作压力控制回路）。

1.2.1　一次压力控制回路

一次压力控制，是指把空气压缩机的输出压力控制在一定值以下。一次压力控制回路如图 3-11 所示。一般情况下，空气压缩机的出口压力为 0.8 MPa 左右，安全阀压力的调定值一般可根据气动系统的工作压力范围，调整在 0.7 MPa 左右。

1.2.2　二次压力控制回路

二次压力控制是指把空气压缩机输送出来的压缩空气，经一次压力控制回路后得到的输出压力，再经二次压力控制回路的减压与稳压后的输出压力，作为气动控制系统的工作气压使用。二次压力控制回路如图 3-12 所示。

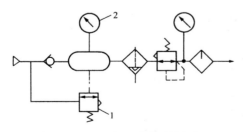

图 3-11　一次压力控制回路

1—溢流阀；2—压力表

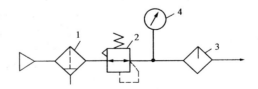

图 3-12　二次压力控制回路

1—分水滤气器；2—调压阀；3—油雾器；
4—压力表

1.2.3　高低压转换回路

某些执行机构在不同工作状态下需要高低不同的工作压力，这就需要系统分别能输出高低不同的几种压力，即多级压力输出。高低压转换回路如图 3-13 所示。

1.2.4　双压驱动气缸回路

在气动系统中，有时需要提供两种不同的压力，来驱动双作用气缸在不同方向上的运动。图 3-14 所示为双压驱动气缸回路。

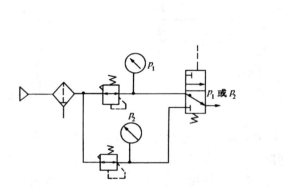

图 3-13　高低压转换回路

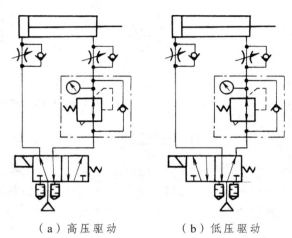

（a）高压驱动　　　　（b）低压驱动

图 3-14　双压驱动气动回路

如图 3-14（a）所示，电磁铁得电，气缸以高压伸出；如图 3-14（b）所示，电磁铁失电，由减压阀控制气缸以较低压力退回。

1.2.5　多级压力控制回路

在一些场合，需要根据工件重量的不同，设定低、中、高三种平衡压力，这就需要用到多级压力控制回路，如图 3-15 所示。

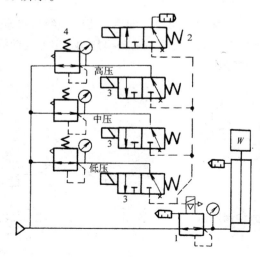

图 3-15　多级压力控制回路

1.3 速度控制回路

1.3.1   单作用气缸的速度控制回路

单作用气缸的速度控制回路如图 3-16 所示，图（a）可以进行双向速度调节；图（b）采用快速排气阀可实现快速返回，但是返回速度不能调节。

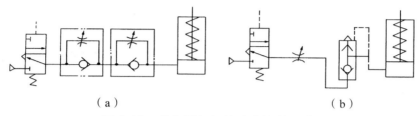

（a）   （b）

图 3-16   单作用气缸的速度控制回路

1.3.2   双作用气缸的速度控制回路

图 3-17 所示为双作用气缸的速度控制回路，图（a）采用单向节流阀实现排气节流的速度控制，一般采用带有旋转接头的单向节流阀直接拧在气缸的气口上，安装使用方便；图（b）采用二位五通阀，并在排气口上安装了排气消声节流阀。在此要注意，换向阀的排气口必须有安装排气消声节流阀的螺纹口，否则不能选用。

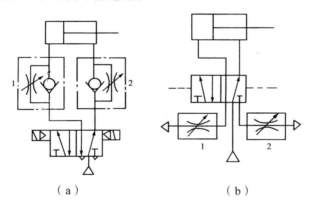

（a）   （b）

图 3-17   双作用气缸的速度控制回路

在速度控制回路中，有两种方法可以实现速度控制，一种是排气节流，一种是进气节流，见图 3-18。其区别如表 3-1 所示。

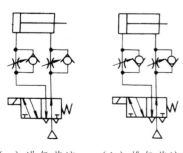

（a）进气节流   （b）排气节流

图 3-18   进气节流与排气节流的区别

表 3-1   进气节流与排气节流的区别

特　性	进气节流	排气节流
低速平稳性	易产生低速爬行	好
阀的开度与速度	没有比例关系	有比例关系
惯性的影响	对调速特性有影响	对调速特性影响很小
启动延时	小	与负载率成正比
启动加速度	小	大
行程终点速度	小	约等于平均速度
缓冲能力	小	大

1.3.3　速度换接回路

如图 3-19 所示为速度换接回路，利用两个二位二通阀与单向节流阀并联，当撞块压下行程开关时，发出电信号，使二位二通阀换向，改变排气通路，从而使气缸速度改变。行程开关的位置可根据需要选定，图中二位二通阀也可改用行程阀。

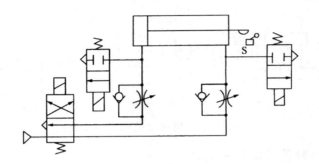

图 3-19　速度换接回路

1.3.4　缓冲回路

要想获得气缸行程末端的缓冲，除了采用带缓冲的气缸外，特别在行程长、速度快、惯性大的情况下，往往需要采用缓冲回路来满足气缸运动速度的要求。如图 3-20 所示就是一个缓冲回路。采用机控阀和流量控制阀配合使用的缓冲回路。当气缸伸出时，有杆腔空气经二位二通机控阀和二位五通阀排出，伸出到末端使机控阀换向，有杆腔空气只能通过节流阀排出，实现气缸运动缓冲。改变机控阀的安装位置，可改变开始缓冲的时刻。这种缓冲回路常用于惯性力大的场合。

图 3-21 所示是另一种缓冲回路，采用顺序阀来实现的。当气缸退回到行程末端时，无杆腔的压力已经下降到不能打开顺序阀，腔室内的剩余空气只能经节流阀排出，由此气缸运动得以缓冲。这种缓冲回路常用于气缸行程长、速度快的场合。

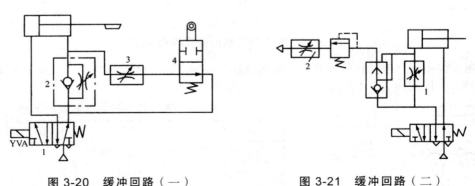

图 3-20　缓冲回路（一）　　　　　图 3-21　缓冲回路（二）

1.3.5　高低速回路

图 3-22 所示为高低速切换回路，利用高低速两个节流阀实现高低速的切换。图中节流阀 3 调节为高速，节流阀 4 调节为低速。活塞杆具体动作情况见表 3-2。

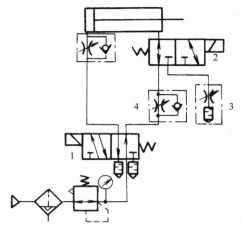

图 3-22　高低速回路

表 3-2　高低速回路动作表

1	2	气缸活塞杆动作
通电	通电	高速伸出
通电	不通电	低速伸出
不通电	通电	不动作
不通电	不通电	缩回

【技能训练一】　多缸顺序动作回路训练

1. 技能训练的目的与要求

① 能够设计简单的气动回路。

② 根据要求，能够绘制气动回路图，熟悉气动元件及符号。

③ 正确选型气动元件，组建完整的气动回路。

2. 所需设备及工具

可调单向节流阀 4 个，双作用气缸 2 个，气管剪 1 把，气管适量，换向阀（包含：双气控换向阀、机械换向阀、手动换向阀）适量，气动三联件 1 套，气源供气装置 1 套，气动试验台 1 台。

3. 实施步骤

① 明确工作要求：有 A、B 两个气缸，其动作要求如下：A 缸伸出→B 缸伸出→A 缸缩回→B 缸缩回。

② 设计气动回路图：根据实际情况合理选用全气控的控制方式。绘制出满足要求的气动回路图。

③ 执行元件选型：确定执行元件的类型，选用双作用气缸作为执行机构，同时考虑气缸的结构尺寸和行程、耗气量、驱动力、安装方式等。

④ 控制元件选型：采用气控换向阀作为主控元件，采用带滚轮的机械式换向阀作为换向控制元件。

⑤ 辅助元件选型：选择合适的节流阀用以调定气流速度，选择合适的气管、气动三联件等。

⑥ 气路连接与调试：按照气动回路图，用气管连接各种气动元件，形成一个完整的气动系统，通气调试。

4. 注意事项

① 储气罐出口压力值不得随意调整。

② 各个元件连接顺序严格按照回路连接。

③ 单向节流阀调整时，要先小后大调整，避免气压过大时启动，气缸瞬间伸出或缩回。

④ 检查气管是否插紧，整个回路不得漏气。

⑤ 气缸水平放置或固定，以免影响实验结果。

【技能训练二】　慢进–快退调速回路训练

1. 技能训练的目的与要求

① 知道速度换接回路的应用。

② 根据要求，能够绘制气动回路图，熟悉气动元件及符号。

③ 正确选型气动元件，组建完整的气动回路。

2. 所需设备及工具

可调节流阀 2 个，双作用气缸 1 个，气管剪 1 把，气管适量，换向阀 4 个，气源三联件 1 套，气源供气装置 1 套，气动试验台 1 台。

3. 实施步骤

① 明确工作要求：有一工位加工顺序如图 3-23 所示。

② 设计气动回路图：根据实际情况合理选用全气控的控制方式。绘制出满足要求的气动回路图。

③ 执行元件选型：确定执行元件的类型，选用双作用气缸作为执行机构，同时考虑气缸的结构尺寸和行程、耗气量、驱动力、安装方式等。

④ 控制元件选型：采用气控换向阀作为主控元件，采用带滚轮的机械式换向阀作为换向控制元件，使用节流阀控制气流速度达到慢进的要求。

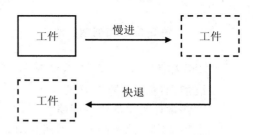

图 3-23　工件运行示意图

⑤ 辅助元件选型：选择合适的气管、气动三联件等。

⑥ 气路连接与调试：按照气动回路图，用气管连接各种气动元件，形成一个完整的气动系统，通气调试。

4. 注意事项

① 储气罐出口压力值不得随意调整。

② 各个元件连接顺序严格按照回路连接。

③ 单向节流阀调整时，要先小后大调整，避免气压过大时启动，气缸瞬间伸出或缩回。

④ 检查气管是否插紧，整个回路不得漏气。

⑤ 气缸水平放置或固定，以免影响实验结果。

【知识拓展】

电气–气动

1. 电气–气动技术的发展概况

气动技术虽然发展历史不长，但由于其优越的特点，在当前的自动化系统中，其应用已越来越广泛。气动技术的控制方式也有多种，适应于不同的场合。气动技术最开始是由气动逻辑元件或气控阀组成的纯气动控制，后来发展到电气技术参与的电-气控制，直到目前的 PLC（可编程逻辑控制器）控制。

纯气动控制虽然发展了由计算机辅助设计的逻辑控制方式，也发展了位置控制系统及通用程序控制器等，但面对庞大、复杂、多变的气动系统，就显得力不从心了。所以，目前除了一些简单、特殊的应用场合，已很少采用纯气动控制。

电-气控制主要由继电器回路控制发展而来,其主要特点是用电信号和电控制元件取代气信号和其控制元件,例如,用电磁阀代替气控阀,按钮、继电器代替气控逻辑阀和气控组合阀。其可操作性和效率远远高于纯气动控制;同时,该控制方法也适用于 PLC 控制,使庞大、复杂、多变的气动系统的控制变得简单明了,并且程序的编制、修改也变得容易。

如今,随着工业的发展,自动化程度越来越高,加上检测技术、PLC 技术、阀岛技术、通信技术的发展和应用,使得气动技术的发展越来越自动化、智能化,气动技术的应用领域越来越广。

2. 电气–气动控制回路

电气-气动控制系统主要是控制电磁阀的换向,其特点是响应快,动作准确,在气动自动化应用中相当广泛。

电气-气动控制回路图包括气动回路和电气回路两部分。气动回路一般指动力部分,电气回路则为控制部分。通常在设计电气回路之前,一定要先设计出气动回路,按照动力系统的要求,选择采用何种形式的电磁阀来控制气动执行件的运动,从而设计电气回路。在设计中,气动回路图和电气回路图必须分开绘制。在整个系统设计中,气动回路图按照习惯放置于电气回路图的上方或左侧。

(1)电气回路图

电气回路图通常以一种层次分明的梯形法表示,也称梯形图。它是利用电气元件符号进行顺序控制系统设计的最常用的一种方法。梯形图表示法可分为水平梯形回路图及垂直梯形回路图两种。

图 3-24 所示为水平型电路图,图形上下两平行线代表控制回路图的电源线,称为母线。

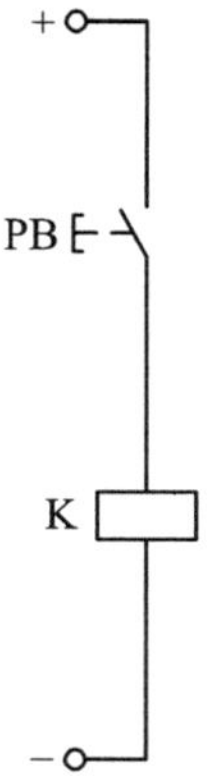

电气回路图绘图原则:

① 图形上端为火线,下端为接地线。

② 电路图是由左而右构成。为便于读图,接线上要加上线号。

③ 控制元件的连接线接于电源母线之间,且应力求直线。

④ 连接线与实际的元件配置无关,其由上而下,依照动作的顺序来决定。

⑤ 连接线所连接的元件均以电气符号表示,且均为未操作时的状态。

图 3-24 水平型电路图

⑥ 在连接线上,所有的开关、继电器等的触点位置由水平电路的上侧的电源母线开始连接。

⑦ 一个梯形图网络由多个梯级组成,每个输出元素(继电器线圈等)可构成一个梯级。

⑧ 在连接线上,各种负载,如继电器、电磁线圈、指示灯等的位置通常是输出元素,要放在在水平电路的下侧。

⑨ 在以上各元件的电气符号旁注上文字符号。

(2)基本电气回路

a. "是"门电路(YES)

"是"门电路是一种简单的通断电路,能实现是门逻辑电路。图 3-25 所示为"是"门电路,按下按钮 a,电路 1 导通,继电器线圈 K 励磁,其常开触点闭合,电路 2 导通,指示灯亮。若放开按钮,则指示灯熄灭。

b. "与"门电路（AND）

如图 3-26 所示的"与"门电路也称为串联电路。只有将按钮 a、b 同时按下，则电流通过继电器线圈 K。例如，一台设备为防止误操作，保证安全生产，安装了两个启动按钮，只有操作者将两个气动按钮同时按下时，设备才能开始运行。

c. "或"门电路（OR）

如图 3-27 所示的"或"门电路也称为并联电路。只要按下两个手动按钮中的任何一个开关使其闭合，就能使继电器线圈 K 通电。例如，要求在一条自动生产线上的多个操作点上可以同时进行作业。

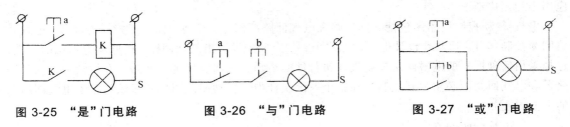

图 3-25 "是"门电路   图 3-26 "与"门电路   图 3-27 "或"门电路

d. 自保持电路

自保持电路又称为记忆电路，在各种液、气压装置的控制电路中很常用，尤其是使用单电控电磁换向阀控制液、气压缸的运动时，需要自保持回路，见图 3-28。

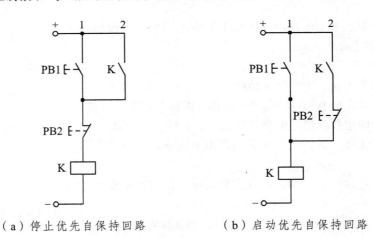

（a）停止优先自保持回路   （b）启动优先自保持回路

图 3-28 自保持电路

e. 互锁电路

互锁电路用于防止错误动作的发生，以保护设备、人员安全。例如，电机的正转与反转、气缸的伸出与缩回，为防止同时输入相互矛盾的动作信号，使电路短路或线圈烧坏，控制电路应加互锁功能。如图 3-29 所示，按下按钮 PB1，继电器线圈 K1 得电，第 2 条线上的触点 K1 闭合，继电器 K1 形成自保，第 3 条线上 K1 的常闭触点断开，此时若再按下按钮 PB2，继电器线圈 K2 一定不会得电；同理，若先按按钮 PB2，继电器线圈 K2 得电，继电器线圈 K1 也一定不会得电。

f. 延时电路

随着自动化设备的功能和工序越来越复杂，各工序之间需要按一定的时间紧密巧妙地配合，要求各工序时间可在一定时间内调节，这需要利用延时电路来加以实现。延时控制分为两种，即延时闭合和延时断开。

如图 3-30（a）所示为延时闭合电路，当按下开关 PB 后，延时继电器 T 开始计时，经过设定的时间后，时间继电器触点闭合，电灯点亮。放开 PB 后，继电器 T 立即断开，电灯熄灭。图 3-30（b）所示为延时断开电路，当按下开关 PB 后，时间继电器 T 的触点也同时接通，电灯点亮，当放开 PB 后，延时断开继电器开始计时，到规定时间后，时间继电器触点 T 才断开，电灯熄灭。

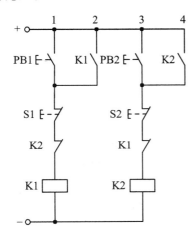

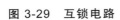

图 3-29　互锁电路

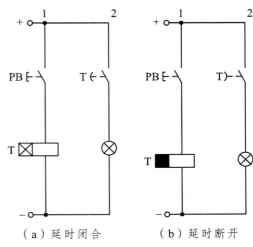

（a）延时闭合　　　（b）延时断开

图 3-30　延时电路

（3）典型电气-气动控制回路

在设计电气-气动控制系统时，应将电气控制回路和气动动力回路分开画，两个图上的文字符号应一致，以便对照。

a. 单气缸自动单往复回路

利用手动按钮控制单电控两位五通电磁阀来操纵单气缸实现单个循环。如图 3-31 所示，具体动作顺序为：按下启动按钮→使电磁阀线圈通电→活塞杆前进且持续→活塞杆压下 a1 使线圈断电→活塞杆退回原位。

如果采用双电控两位五通电磁阀来操纵单气缸实现单个循环，则回路图如图 3-32 所示。

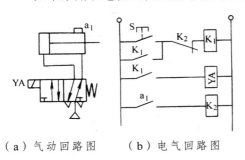

（a）气动回路图　　（b）电气回路图

图 3-31　单气缸自动单往复回路（一）

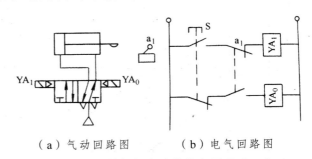

（a）气动回路图　　（b）电气回路图

图 3-32　单气缸自动单往复回路（二）

b. 单气缸自动连续往复回路

利用手动按钮控制单电控两位五通电磁阀来操纵单气缸实现自动连续往复循环。如图3-33所示，具体动作顺序为：按下启动按钮→使电磁阀线圈通电→活塞杆前进且持续→活塞杆压下a1使线圈断电→活塞杆退回原位压下a0→活塞杆前进且持续……，如此往复循环。

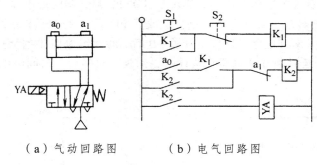

（a）气动回路图   （b）电气回路图

图3-33　单电控气缸自动连续往复回路

如果采用双电控两位五通电磁阀来操纵单气缸实现自动连续往复循环，则回路图如图3-34所示。

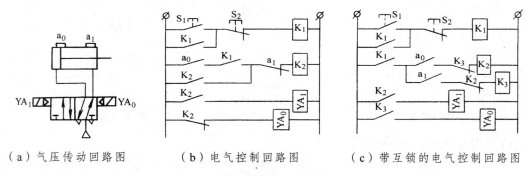

（a）气压传动回路图   （b）电气控制回路图   （c）带互锁的电气控制回路图

图3-34　双电控气缸自动连续往复回路

c. 双缸顺序动作控制回路（A＋B＋B－A－）

利用手动按钮控制双电控两位五通电磁阀来操纵两个气缸（A气缸和B气缸）按照一定的顺序动作，其动作顺序为：A＋B＋B－A－，如图3-35所示。其气动回路及电气回路分别见图3-36、图3-37。

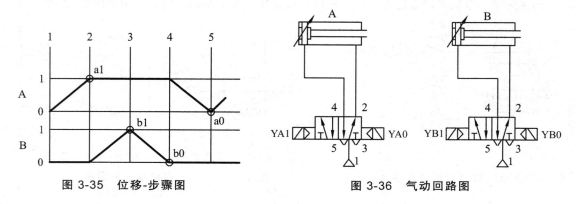

图3-35　位移-步骤图   图3-36　气动回路图

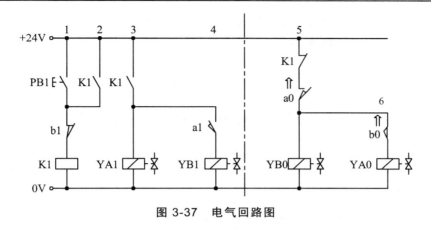

图 3-37 电气回路图

任务 2 气动系统的安装、调试与维护

【任务引入】

气动设备涉及自动控制、流体运转、润滑与密封等多个技术领域，是典型的机电一体化装置，对运行条件有较高的要求。一些地方气动设备的使用维修状况并不尽如人意，设备故障率高、停机时间长、维修成本高，不能满足生产要求。所以，气动设备设计、使用人员必须要提高气动设备安装、调试与维护技能。

【任务分析】

气动系统的使用与维修主要包括气动系统安装调试、维护检查、故障诊断与排除、技术改进等。这就要求我们必须掌握以上的能力。

【相关知识】

2.1 气动系统的安装调试

气动系统的安装调试主要包括以下内容：

① 安装前的检查与调整，包括气动控制元件的检查与调整、系统其他元件及辅件的检查与调整等。

② 元件与系统的安装。进行压力试验，手动调整，确认机械之间有无卡阻、碰撞情况；传感器检测与信号调整。是电气系统的还要进行电气调试。

③ 运转调试。包括空载运转调试与负载运转调试。设备空载运转时全面检查各个元件、各种电气装置的工作是否正常可靠，工作循环或各种动作的自动转接是否符合要求，以便做好负载运转的准备工作。

2.2 气动系统维护

一台气动装置，如果不注意维护保养工作，就会过早损坏或频繁发生故障，使装置的使用寿命大大降低。在对气动装置进行维护保养时，应针对发现的事故苗头及时采取措施，这样可以减少和防止故障的发生，延长元件和系统的使用寿命。因此，设备管理人员应制订气动装置的维护保养管理规范，并严格执行。

维护保养工作的中心任务是保证供给气动系统清洁干燥的压缩空气；保证气动系统的气密性；保证油雾润滑元件得到必要的润滑；保证气动元件和系统得到规定的工作条件（如使用压力、电压等），以保证气动执行机构按预定的要求进行工作。

维护工作可以分为经常性的维护工作和定期性的维护工作。前者是每时每天必须进行的维护工作，后者可以是每周、每月或每季度进行的维护工作。维护工作应有纪录，以利于今后的故障诊断和处理。

2.2.1　经常性的维护工作

日常维护工作的主要任务是冷凝水的排放、检查润滑油和空压机系统的管理。

冷凝水排放涉及整个气动系统，从空压机、后冷却器、气罐、管道系统直到各处空气过滤器、干燥器和自动排水器等。在作业过程中要定时按规范检查。在作业结束时，应当将各处冷凝水排放掉，以防夜间温度低于 0 ℃，导致冷凝水结冰。由于夜间管道内温度下降，会进一步析出冷凝水，气动装置在每天运转前，也应将冷凝水排出。注意察看自动排水器是否工作正常，水杯内不应存水过量。

在气动装置运转时，应检查油雾器的滴油量是否符合要求，油色是否正常，即油中不要混入灰尘和水分等。

空压机系统的日常管理工作是：是否向后冷却器供给了冷却水（指水冷式）；空压机是否有异常声音和异常发热，润滑油位是否正常。

2.2.2　定期的维护工作

周维护工作的主要内容是漏气检查和油雾器管理，目的是提早发现事故的苗头。

漏气检查应在白天车间休息的空闲时间或下班后进行，这时气动装置已停止工作，车间内噪声小，但管道内还有一定的空气压力，根据漏气的声音便可知何处存在泄漏。严重泄漏必须立即处理，如软管破裂，连接处严重松动等。其他泄漏应作好纪录。

油雾器最好选用一周补油一次的规格。补油时，要注意油量减少情况。若耗油量太少，应重新调整滴油量。调整后滴油量仍然少或不滴油，应检查油雾器进口是否装反，油道是否堵塞，所选油雾器的规格是否合适。

每季度的维护工作应比每日和每周的维护工作更仔细，但仍限于外部能够检查的范围。其主要内容是：仔细检查各处的泄漏情况，紧固松动的螺钉和管接头，检查换向阀排出空气的质量，检查各调节部分的灵活性，检查指示仪表的正确性，检查电磁阀切换动作的可靠性，检查气缸活塞杆的质量以及一切从外部能够检查的内容。

检查漏气时应采用在各检查点涂肥皂液等方法，因其显示漏气的效果比听声音更灵敏。

检查换向阀排出空气的质量时应注意以下三个方面：

①　了解排气中所含润滑油量是否适度，其方法是将一张清洁的白纸放在换向阀的排气口附近，阀在工作 3 ~ 4 个循环后，若白纸上只有很轻的斑点，表明润滑良好。

②　了解排气中是否含有冷凝水。

③　了解不该排气的排气口是否有漏气。少量漏气预示着元件的早期损伤（间隙密封阀存在微漏是正常的）。若润滑不良，应考虑油雾器安装位置是否符合要求。泄漏的主要原因是阀内

或缸内的密封不良，复位弹簧生锈或折断、气压不足等所致。间隙密封阀的泄漏较大时，可能是阀芯、阀套磨损所致。

● 像安全阀、紧急开关阀等，平时很少使用，定期检查时，必须确认它们的动作可靠性。

● 让电磁阀反复切换，从切换声音可以判断阀的工作是否正常。对交流电磁阀，若有蜂鸣声，应考虑动铁心与静铁心没有完全吸合或吸合面有灰尘、分磁环脱落或损坏等。

● 气缸活塞杆常露在外面。观察活塞杆是否被划伤、腐蚀和存在偏磨。根据有无漏气，可判断活塞杆与端盖内的导向套、密封圈的接触情况、压缩空气的处理质量，气缸是否存在径向载荷等。

● 回转活动部件的配合部位应特别加强保养，并根据活动部件的使用期限备足备品、坚持定期检查更换，以免产生故障，因小失大，影响使用。

在进行维护、保养时应注意劳动保护，员工间互相协助配合。

2.2.3　故障诊断与对策

（1）故障种类

由于故障发生的时期不同，故障的内容和原因也不同。因此，可将故障分为初期故障、突发故障和老化故障。

a. 初期故障

在调试阶段和开始运转的最初二三个月内发生的故障称为初期故障。其产生的原因有：

① 元件加工、装配不良。如元件内孔的研磨不符合要求，零件毛刺未清理干净，不清洁安装，零件装错、装反，装配时对中不良，紧固螺钉拧紧力矩不恰当，零件材质不符合要求，外购零件（如密封圈、弹簧）质量差等。

② 设计失误。设计元件时，对零件的材料选用不当，加工工艺要求不合理等；对元件的特点、性能和功能了解不够，造成回路设计时元件选用不当；设计的空气处理系统不能满足气动元件和系统的要求，回路设计出现错误。

③ 安装不符合要求。安装时，元件及管道内吹洗不干净，使灰尘、密封材料碎片等杂质混入，造成气动故障；安装气缸时存在偏载；管道的防松、防振动等没有采取有效措施。

④ 维护管理不善，如未及时排放冷凝水，未及时给油雾器补油等。

b. 突发故障

系统在稳定运行时期突然发生的故障称为突发故障。例如，油杯和水杯都是用聚碳酸酯材料制成的，如它们在有机溶剂的气雾中工作，就有可能突然破裂；空气或管路中残留的杂质混入元件内部，突然使相对运动件卡死；弹簧突然折断，软管突然爆裂，电磁线圈突然烧毁；突然停电造成回路误动作等。

有些突发故障是有先兆的，如排出的空气中出现杂质和水分，表明过滤器已失效，应及时查明原因，予以排除，不要酿成突发故障。但有些突发故障是无法预测的，只能采取安全保护措施加以防范，或准备一些易损备件，以便及时更换失效的元件。

c. 老化故障

个别或少数元件达到使用寿命后发生的故障称为老化故障。参照系统中各元件的生产日期、开始使用日期，使用的频繁程度以及已经出现的某些征兆，如声音反常、泄漏越来越严重、气缸运动不平稳等，大致预测老化故障的发生期限是可能的。

（2）故障诊断

下面主要介绍三种常用的故障诊断方法。

a. 分块法

将系统分成小单元来考虑，思路会清晰，故障易呈现。

b. 经验法

主要依靠实际经验，并借助简单的仪表，诊断故障发生的部位，找出故障原因的方法，称为经验法。经验法可按中医诊断病人的四字"望、闻、问、切"进行。

① 望：看执行元件的运动速度有无异常变化；各测压点的压力表显示的压力是否符合要求，有无大的波动；润滑油的质量和滴油量是否符合要求；冷凝水能否正常排出；换向阀排气口排除空气是否干净；有无明显振动存在；加工产品质量有无变化等。

② 闻：包括耳闻和鼻闻。例如，气缸及换向阀换向时有无异常声音；系统停止工作但尚未泄压时，各处有无漏气、漏气声音大小及每天的变化的情况；电磁线圈和密封有无因过热而发出的特殊气味等。

③ 问：即查阅气动系统的技术档案，了解系统的工作程序、运行要求及主要技术参数；查阅产品样本，了解每个零件的作用、结构、功能和性能；查阅维修检查记录，了解日常维护保养工作情况；访问现场操作人员，了解设备运行情况，了解故障发生前的征兆及故障发生时的状况，了解曾经出现过的故障及其排除方法。

④ 切：如触摸相对运动部件外部的手感和温度，电磁线圈处的温升等。触摸两秒钟感到烫手，则应查明原因。气缸、管道等处有无振动感，气缸有无爬行感，各接头处及元件处手感有无漏气等。

经验法简单易行，但由于每个人的感觉、实际经验和判断能力的差异，诊断故障会存在一定的局限性。

c. 推理分析法

利用逻辑推理、从现象慢慢推理到本质寻找出故障真实原因的方法。

① 推理步骤：从故障的症状到找出故障发生的真实原因，可按下面三步进行：

• 从故障的症状，推理出故障的本质原因。

• 从故障的本质原因，推理出可能导致故障的常见原因。

• 从各种可能的常见的原因中，推理出故障的真实原因。

由故障的本质原因逐步推理出来的众多可能的故障常见原因是依靠推理和经验累积起来的。

② 推理方法：由简到繁、由易到难、由表及里、由后向前、有结果向原因逐一进行分析，排除掉不可能的和非主要的故障原因；故障发生前曾调整或更换过的元件先查；优先查故障概率高的常见原因。

• 仪表分析法：利用检测仪器仪表，如压力表、差计表、电压表、温度计、电秒表及其他电子仪器等，检查系统或元件的技术参数是否合乎要求。

• 部分停止法：即暂时停止气动系统某部分的工作，观察对故障征兆的影响。

• 试探反证法：即试探性地改变气动系统中部分工作条件，观察对故障征兆的影响。如气缸不动作时，除去气缸的外负载，察看气缸能否正常动作，便可反证是否由于负载过大造成气缸不动作。

• 比较法：即用标准的或合格的元件代替系统中相同的元件，通过工作状况的对比，来判断被更换的元件是否失效。

- 排他法：即假如满足其一定条件，看其是否有此现象，从而作出判断。

为了从各种可能的常见故障原因中推理出故障的真实原因，可根据上述推理原则和推理方法，画出故障诊断逻辑推理图框，以便于快速准确地找到故障的真实原因。

2.2.4　气动系统维修

气动系统能正常工作多长时间，这是用户非常关心的问题。

各种气动元件通常都给出了它们的耐久性指标，可以大致估算出某气动系统在正常条件下的使用时间。例如，若电磁阀的耐久性为 1 000 万次，气缸的耐久性为 3 000 km，气缸行程为 200 mm，阀控缸的切换频率为每分钟 3 次，每天工作 20 h，每年按 250 个工作日计算，则电磁阀可使用 11 年，气缸只能使用 8 年。故该阀控缸系统的寿命为 8 年。因为许多因素未考虑，故这是最长寿命估算法。又如，各种元件中橡胶件的老化，金属件的锈蚀，气源处理质量的优劣，日常保养维护工作能否坚持等，都直接影响气动系统的使用寿命。

气动系统中各类元件的使用寿命差别较大，如换向阀、气缸等有相对运动部件的元件，其使用寿命较短。而许多辅助元件，由于可动部件少，相对寿命就长些。各种过滤器的使用寿命，主要取决于滤芯寿命，这与气源处理后空气的质量关系很大。如急停开关这种不经常动作的阀，要保证其动作可靠性，就必须定期进行维护。因此，启动系统的维修周期，只能根据系统的使用频度，气动装置的重要性和日常维护、定期维护的状况来确定。一般是每年大修一次。

维修之前，应根据产品样本和说明书预先了解各元件的作用、工作原理和内部零件的运动状况。必要时，应参考维修手册。根据故障类型，在拆卸之前，对哪一部分问题较多应有所估计。

维修时，对日常工作中经常出现问题的地方要彻底解决。对重要部位的元件、经常出问题的元件和接近其使用寿命的元件，宜按原样换成一个新元件。新元件通气口的保护塞，在使用时才应取下来。许多元件内仅仅是少量零件损坏，如密封圈、弹簧等，为了节省经费，可只更换这些零件。

拆卸前，应清扫元件和装置上的灰尘，保持环境清洁。必须切断电源和气源，确认压缩空气已全部排除后方能拆卸。仅关闭截止阀，系统中不一定已无压缩空气，因有时压缩空气被堵截在某个部位，所以必须认真分析检查各部位，并设法将余压排尽。如观察压力表是否回零，调节电磁先导阀的手动调节杆排气等。

拆卸时，要慢慢松动每个螺钉，以防元件或管道内有残压。一面拆卸，一面逐个检查零件是否正常。应以组件为单位进行拆卸。滑动部分的零件要认真检查，要注意各处密封圈和密封垫的磨损、损伤和变形情况。

要注意节流孔、喷嘴和滤芯的堵塞情况。要检查塑料和玻璃制品有否裂纹或损伤。拆卸时，应将零件按组件顺序排列，并注意零件的安装方向，以便以后装配。

更换的零件必须保证质量。锈蚀、损伤、老化的元件不得再用。必须根据使用环境和工作条件来选定密封件，以保证元件的气密性和稳定地进行工作。

拆卸下来准备再用的零件，应放在清洗液中清洗。不得用汽油等有机溶剂清洗橡胶件、塑料件。可以使用优质煤油清洗。

零件清洗后，不准用棉丝、化学纤维擦干。可用干燥清洁空气吹干，涂上润滑脂，以组件为单位进行装配。注意不要漏装密封件，不要将零件装反。螺钉拧紧力矩要均匀，力矩大小应合理。

安装密封件时应注意：有方向的密封圈不得装反。密封圈不得装扭。为容易安装，可在密封圈上涂敷润滑脂。要保持密封件清洁，防止棉丝、纤维、切削末、灰尘等附着在密封件上。

安装时，应防止沟槽的菱角处、横空处碰伤密封件。与密封件接触的配合面不能有毛边，菱角应倒圆。塑料类密封件几乎不能伸长。橡胶材料密封件也不要过度拉伸，以免产生永久变形。在安装带密封圈的部件时，注意不要碰伤密封圈。螺纹部分通过密封圈，可在螺纹上卷上薄膜或使用插入用工具。活塞插入缸筒壁上开孔的元件时，空端部应倒角 15°～30°。

配管时，应注意不要将灰尘、密封材料碎片等异物带入管内。

装配好的元件要进行通气实验。缓慢升压到规定压力，应保证升压过程中直至规定压力都不漏气。

检修后的元件一定要实验其动作情况。例如，对气缸，开始将其缓冲装置的节流部分调节到最小，然后调节速度控制阀使气缸以非常慢的速度移动，逐渐打开节流阀，使气缸达到规定速度，这样便可检查气阀、气缸的装配质量是否合乎要求；若气缸在最低工作压力下动作不灵活，必须仔细检查安装情况。

2.2.5　气动维护案例

一般而言，对于企业（公司）的系统设备的维护；除了如机器部件、润滑、油压、气压（气动）、驱动系统和电气线路等这些基本的检查项目外，还要根据每个公司的需要，选择设备的安全性和工艺条件等。

维护的实施一般按照下列程序：

（1）画出气动系统流程图

图 3-38 所示为一般企业的气动系统流程图。

（2）画出气动系统组成框图

图 3-39 所示为上述气动系统的组成框图。

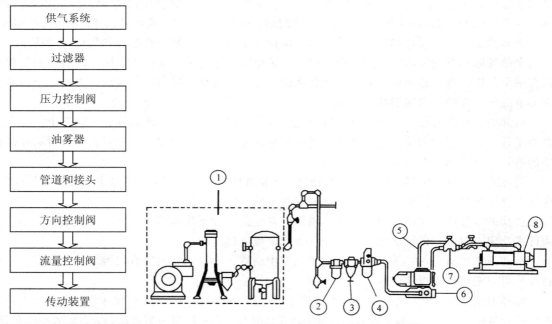

图 3-38　气动系统流程图　　　　图 3-39　气动系统组成框图

1—供气系统；2—过滤器；3—压力控制阀；4—油雾器；5—管道和接头；
6—方向控制阀；7—流量控制阀；8—传动装置

（3）设定检查区域

气动系统检查项目包括：① 供气系统；② 过滤器；③ 压力控制阀；④ 注油器（油雾器）；⑤ 管道和接头；⑥ 方向控制阀；⑦ 流量控制阀；⑧ 传动装置。

（4）确定检测对象及其检测点

一般而言，漏气是不可预料且经常发生的现象。以下 6 项是最常见的漏气部位：① 每个装置的接头部位；② 安全阀的插头；③ 容器的垫片；④ 容器损坏；⑤ 水位玻璃管损坏；⑥ 润滑物的油塞。

例如，对于图 1-23 所示的气动三联件，表 3-3 中列出了可能出现漏气的检测点和原因。

表 3-3　检测对象及其监测点

序号	检测对象	检测原因
1	过滤器垫片	是否有缺陷，有缺陷则漏气
2	过滤器杯	是否有缺陷，有缺陷则漏气，必须更换
3	过滤器排水阀	检查是否有灰尘，防止堵塞
4	调压阀膜片	是否老化、损坏，否则会使调压不准
5	油雾器观察孔	是否有损坏
6	油雾器油塞	螺丝钉是否松动
7	油雾器垫片	是否损坏
8	油雾器油杯	是否损坏
9	油雾器内油位玻璃管	是否损坏
10	各处接头部位	是否有损坏、是否有松动

a. 过滤器

过滤器（参见图 1-21）主要是进一步滤除压缩空气中的杂质。

检查点：

① 当清洗过滤器滤芯时，不要从外面吹风。

② 滤芯的堵塞主要是由于气缸速度和输出降低。当发生堵塞时，应该进行清理。当大量的灰尘或排放物附着在滤芯上时，应通过吹风进行清洗。（不要忘记放一个罩以便防止灰尘四处飞溅）

b. 压力调节器（压力控制阀）

压力调节器（参见图 2-2）的功能就是调整气压设备的空气压力至适当状态。如果出口压力太高，那么，其高出工作压力的气体就从溢流孔上排出，从而维持出口压力基本不变。

一般来说，当出现下列现象时，气体会马上从减压阀的释放孔中释放出来：① 空气流到出口时；② 出口出现不正常的压力时；③ 采用把手减小出口测压时。

检查点：

① 始终保持压力计清洁以便容易读数。

② 将压力计定期拆开进行全面清洗。

③ 调整压力时，打开把手锁，向右（顺时针）旋转把手（调节螺旋）会使出口压力增大，

向左旋转把手会使出口压力减少。一旦完成压力调整，拧紧把手锁，使把手保持不动。

c. 润滑装置（油雾器）

润滑装置（参见图 1-22）具有两种功能：一方面是储存润滑油；另一方面是将润滑油释放到压缩气体中，主要是对运动的部件进行润滑（如电磁阀的阀芯和气缸等）。如果采取了正确的润滑，气缸和电磁阀的故障可以减少一半以上。

检查点：

① 根据润滑装置的结构，有些装置可以在不关断气源的情况下加油，而有些则不行。所以，要根据说明书等来检查所使用的设备。

② 当给润滑物加油时，不能超过上限位线。

③ 按规定添加油的种类。

④ 清洗油杯（储存油的容器）；始终保持油杯清洁，以便可以目视检查杯内剩余的油和杂质。如果油杯受到严重污染，应该清除并用中性洗涤剂清洗。对于空气过滤罩也采用同样的方式，但不能使用稀释剂和汽油等。

⑤ 如果空气过滤器没有正确地保养，水就会积聚在润滑物内，杂质混合在油中。在这种情况下，清除罩内的油，倒入一些新油。

⑥ 当油不喷射时，拆开润滑物进行全面清洗或者清除润滑物。

⑦ 油流量的调节：通常，每分钟油滴量为 10～15 滴，过多或过少的滴油量均会出现其他的故障。采用旋转活塞调节油量；向右旋转活塞就会增加流量。如果流量不能调整，应更换调节器。

d. 方向控制阀（电磁阀）

方向控制阀（见图 3-40）一般有 2、3、4 或 5 个进排气口，在结构上多为滑柱式换向阀。手动操作的电磁阀称为手动转换阀，而用脚操作的电磁阀称为脚踏电磁阀。控制阀的功能就是传递和阻止空气。这些阀门常常用于操作气缸、空气离合器、制动器等。

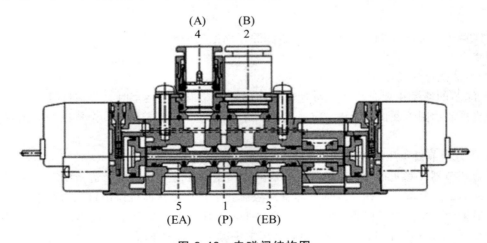

图 3-40　电磁阀结构图

检查点：

① 生产线上的换向阀必须定期进行彻底检修，平时也要花费一定的时间进行维护。

② 当换向阀的运动与平常不同（反应慢、有气味等）时，应尽快地与维修部门联系。

③ 电磁阀对灰尘、水和不同种类的油十分敏感。电线口处的空隙或排气口会进入杂质，导致电磁阀的加速退化并引起故障。因此，这样的开口应该进行密封以防止杂质进入，但并非所有排气口必须安装消声器。同时，保持电磁阀的清洁和消除次要缺陷是保证其较长使用寿命的关键。

另外，对于电磁阀，还要注意以下 6 项情况：无漏气；无松动固定螺钉；电气接点处无松动螺丝；无裸露接点电线；电磁阀无异常声音或发热（如果正常的话可以用手触摸，约 60 ℃）；线圈上无松动固定螺栓。

e. 气缸

气缸将压缩的空气的压力能转换为用于做功的机械能。活塞将气缸分成两个气室，并充满了压缩空气，在交替转换的基础上进行直线运动。

检查点：

① 一般来说，气缸是作为一个整体元件，如果是机械原因损伤，就只能报废。

② 主要检查气缸活塞杆是否弯曲，观察气缸的运动特性（如爬行等）；同时，也要注意活塞杆上的润滑油是否过多或太少。

③ 仔细调整传感器的操作范围和最敏感部位。固定在缸筒上的位置传感器要处于合适的位置，保证传感器上的指示灯在活塞到达一端时要亮。

f. O 形密封圈

检查点：

① O 形密封圈的外部直径符合管子接头的外径。

② 涂一些油脂保证 O 形密封圈不会掉下来。

g. 螺纹密封

对于螺栓部件，密封带是防止空气泄露的必需品。采用 Teflon 胶带，一般具有约 200 ℃ 耐热度。图 3-41 所示为胶带缠绕演示图。

说明：

① 从末端保留 1 至 1.5 的螺纹线圈。

② 缠绕 1.5 ~ 2 圈密封带（不要在周围缠绕太多的胶带）。

③ 按照管子螺旋形大小顺时针方向从末端向后方 50% 重叠缠绕密封带。

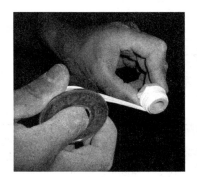

图 3-41　为胶带缠绕演示图

（5）案例维护小结

表 3-4 列出了基本的气动设备系统维护知识。

表 3-4　基本的气动系统维护知识

部位	序号	检查项目	检查方法和判定标准
过滤器	1	检查是否有排放物堆积	清洗过滤器时，检查是否有排放物堆积在过滤套内
	2	检查过滤套是否损坏和内部是否有污渍	清洗过滤器时，检查过滤套是否损坏和内部是否有污渍
	3	检查变流装置	取下过滤套，目视检查变流器是否破裂、有裂缝或损坏

续表 3-4

部位	序号	检查项目	检查方法和判定标准
过滤器	4	检查滤芯	取下滤芯，检查是否有污垢和堵塞
	5	检查隔板	移开过滤套，取下隔板和检查是否有污垢、裂缝或变形
	6	检查过滤器的安装角度	采用测量仪器检查过滤器是否垂直安装
	7	检查管子安装部位是否漏气	用肥皂水检查管子接头是否漏气
压力控制阀	8	检查压力控制阀的工作条件	当旋转压力调整旋钮时，通过阅读压力计检查是否操作正确
	9	检查压力计"0"点	阻止空气和检查压力计指针是否指向"0"
	10	检查压力计的控制范围	清洗压力计时，检查是否有破碎的玻璃容器、弯针和控制标记 检查设备规格和控制范围，确认无异常现象
	11	检查管子接头是否漏气	用肥皂水检查管子接头是否漏气
润滑物	12	检查润滑物的油量	清洗润滑物时，检查油位是否在上下限位之间
	13	检查油是否变质或混合了灰尘或杂质	移开过滤套，从套内取出一点油作样品，滴几滴到滤纸上检查是否有灰尘和杂质，并且通过和油样比较判定油的等级
	14	检查油的类型	确认油箱上油的类型是否与设备规格上列举的一样
	15	检查滴油器	清洗滴油口，目视检查油滴是否符合规定的数量
	16	检查管子接头是否漏气	用肥皂水检查管子接头是否漏气
管子和接头	17	检查管子是否破裂或损坏	清洗管子时，检查管子是否破裂或损坏
	18	检查联轴器是否漏气	用肥皂水检查管子接头是否漏气
	19	检查弯管的安装方法	清洗管子和管子接头时，检查管子弯头的安装方法，检查管子是否特别弯曲，弯曲部件是否损坏 一般连接两个部件的管道，不宜用直角连接
方向控制阀	20	检查换向阀的工作条件	手控方式向前、中和后转换气压流体方向，检查制动器的动作方向是否也向前、中和后
	21	检查排气口是否漏气	操作制动器，检查加压过程中排气口是否漏气
	22	检查管子接头是否漏气	用肥皂水检查管子接头是否漏气
流量调整阀	23	检查流量调整阀的工作条件	旋转流量调整阀旋钮并观察制动器的运动，检查是否能准确地控制流量
	24	检查流量调整配合标记	清洗时，检查是否有流量调整配合标记
	25	检查管子接头是否漏气	用肥皂水检查管子接头是否漏气
执行装置（气缸）	26	检查管子接头是否漏气	用肥皂水检查管子接头是否漏气
	27	检查顶盖和杆套是否漏气	用肥皂水检查顶盖和杆套是否漏气
	28	检查活塞杆是否弯曲、有划痕、磨损或生锈	将活塞完全伸到前面位置，检查活塞杆是否弯曲。用眼睛和手检查活塞杆是否有划痕、磨损或生锈
	29	检查活塞的工作条件	使活塞向前后移动，检查活塞杆是否弯曲 检查操作停止时，活塞杆是否也停止工作
	30	检查制动器的固定螺栓是否松动	清洗制动器时，检查是否有松动的固定螺栓
	31	检查活塞杆末端和加工点连接处是否松动或有"咔哒"声音	清洗时，检查活塞杆和加工点连接处是否松动或有"咔哒"声音

【技能训练】 气动系统维护方案的制订

1. 技能训练的目的与要求

① 知道气动系统要维护那些内容。

② 能够制订一个简单可行的气动系统维护方案。

2. 气动系统维护方案的制订

① 气动系统分析；如图 3-42 和图 3-43 所示，该气动系统为冲压印字机的控制系统，工作要求为：零件上需要冲印字母标识。将零件放置于一平台上的卡槽内，气缸 B 带着钢印字母冲印在零件表面上，然后，气缸 A 推送零件自卡槽内落入一框篮内。整个过程为手动控制。

② 明确维护人员的任务：维护人员要保证机器或设备维持在最佳工作状态，尽力防止故障的产生。在故障产生时要迅速而适当的处理。

③ 制订日常维护项目列表。

④ 制订定期维护项目列表。

⑤ 制订故障分析与对策。

⑥ 制订维护人员安排表。

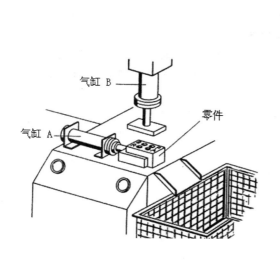

图 3-42　冲压印字机示意图

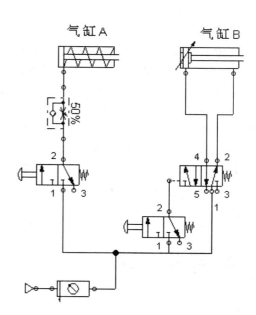

图 3-43　冲压印字机气动回路图

☆ 项目实践

冰淇淋喷巧克力机的设计、安装与调试

1. 前期准备

① 充分了解研究对象，收集相关信息。

② 组建团队。让学生成立项目小组，分派组员任务。

2. 制订项目实施计划

充分分析收集到的相关信息，明确其工作过程与要求，制订出合理的、可行的项目实施方案，详细列出项目实施进度表。

3. 设备与工具准备

气源装置 1 套，气动试验台 1 台，气动三联件 1 套，气管剪 1 把，气管（内径分别是 10、8、6、4）适量，双作用气缸 3 个，可调单向节流阀若干，内六方扳手 1 套，活口扳手 1 套，其他工具、辅件若干。

4. 项目实施步骤

① 设计气动回路图：根据冰淇淋喷巧克力机的工作过程分析，绘制气动控制回路。

② 执行机构选型：分析冰淇淋喷巧克力机各气缸的工作要求，分别为气缸 A、气缸 B 和气缸 C，确定气缸的缸径、行程等参数，确定气缸的安装形式，查阅手册，选择合适的气缸作为执行机构。

③ 气动控制元件选型：本项目要求各气缸工作完后要回到起始位置，则需要选择换向阀作为控制元件。对于换向阀，要确定控制方式（气控、电控、人控或机械控制），确定几位几通阀、确定安装方式等，查阅手册，明确换向阀的型号。

④ 气动辅助元件的选型：气源二次处理元件可选择气动三联件，为了调整气缸的速度，可以使用节流阀，还要使用气缸运动的位置检测元件，如磁开关等，查阅手册，选择合适的气动辅助元件。

⑤ 根据以上的气动元件及回路图连接安装，请用 $\phi4$ 的气管线连接。

⑥ 通气调试，使系统能够正常运转。

5. 考核与评价

此处略。

☆ 思考与练习

1. 什么是一次压力控制回路？什么是二次压力控制回路？

2. 简述几种常见的压力控制回路。

3. 速度控制回路分几种？分别是什么回路？

4. 简述进气节流与排气节流速度控制有什么区别。

5. 用一个二位三通阀能否控制双作用气缸的换向？

6. 常用的方向控制回路有哪些？试说明。

项目四　自动化生产线气动机械手

☆　项目描述

随着工业机械化和自动化的发展以及气动技术自身的一些优点，气动机械手已经广泛应用在生产自动化的各个行业。在柔性自动生产线上，气动机械手提高了生产效率，大大减轻了劳动强度。由于气压传动系统使用安全、可靠，可以在高温、震动、易燃、易爆、多尘埃、强磁、辐射等恶劣环境下工作。而气动机械手作为机械手的一种，它具有结构简单、重量轻，动作迅速、平稳、可靠，节能和不污染环境、容易实现无级调速、易实现过载保护、易实现复杂的动作等优点。所以，气动机械手在各行业中广泛应用，且种类繁多。

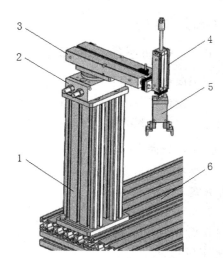

图 4-1　气动机械手组成示意图
1—支架；2—摆缸 A；3—伸缩气缸 B；
4—升降气缸 C；5—气爪 D；6—安装板

在此项目中，我们要组建一个搬运工件的气动机械手（见图 4-1），即气动机械手要完成把放置于甲处的工件搬运到乙处。首先，我们要组建气动机械手的主体，选择合适的气缸作为机械手的运动和执行机构，选择一个合适的气动手指（气爪），用来抓取工件。最后使用工具，组建一个合理的、满足工作要求的气动机械手。选择合适的气动控制元件和气动辅件，设计出一个合理的、可行的、满足使用要求的气动控制回路，最后要通气调试，使其满足设计要求，达到设计目的。

☆　项目教学目标

1. 知道气动系统的设计步骤。
2. 熟悉气动系统设计要考虑的安全问题。
3. 了解单缸、多缸气动回路的设计注意事项。
4. 掌握气动系统安装、调试过程及注意事项。
5. 知道项目工作过程分析方法。

任务 1 确定气动系统的设计方法

【任务引入】

一个完整的气动系统具有程序控制的特点，它是按照预先确定好的顺序或条件，逐步进行各个工步的控制。程序控制包括行程（位置）程序控制、时间程序控制和数字程序控制等。气动程序控制中使用最多的是行程程序控制。那么，气动程序控制的控制回路设计方法是什么？如何确定气动系统的设计方案？

【任务分析】

如果要完成一个气动系统设计，首先要分析设计任务，明确设计步骤。还要知道在设计气动系统时要考虑的安全问题、人员操作问题、对环境的影响等。所以，我们在设计一套完整的气动系统时一定要掌握以上的知识。

【相关知识】

1.1 气动系统设计步骤

（1）设计任务的分析

根据设计任务的具体性质确定该项目的目标。方案设计要在分析阶段之后方可进行。为了确定每个工作步骤的内容、时间、任务落实，也可以先设计整个项目计划的流程图。

（2）设计内容的确定

首先是总的系统的设计，一般是确定系统硬件和控制手段。在这一阶段可以考虑选择其他多种方案。

气动系统设计内容包括以下几个方面：① 硬件系统的设计；② 说明文件的制订，初始资料的收集整理；③ 确定进一步的要求；④ 制订项目的进度表；⑤ 查阅产品目录及其说明；⑥ 成本核算。

（3）实施方案

工程要按设计的技术要求来完成，首先要定购系统硬件，并准备好构造整个系统的其他部件。要根据工程进度要求估计必要的交货日期，并制订一个工程进度表。在系统进行安装以前，必须先检测控制系统的性能，这对保证现场工作顺利进行是十分重要的。安装工作包括：控制部分、执行机构、传感器的安装和调整等。控制系统运行之前必须将安装工作全部完成。安装一旦结束，就可进行移交工作。先对所有元件进行性能测试，然后可对整个系统进行性能测试。最终要保证系统按条件顺序动作、手动循环、自动循环，等等，直到元件产品的质量能够保证机器正常工作，方可正式移交使用。

（4）评价

移交工作完成之后，要对系统的使用效果进行评价，与原始技术规定相比较。若气动控制系统能较好地运行，显然将提高生产效益和减少成本。

（5）维护与改进

平时有规律、仔细地维护控制系统可以增加系统的可靠性，减少运行费用。

系统运行一段时间以后，某些元件可能会出现磨损现象，这可能是由于产品选择不当或者运行条件发生变化所引起的。定期进行防护性的维护检查，有助于诊断、排除故障，避免系统非正常或停止工作。

系统使用一段时间以后，可以换去旧的元件或者对控制系统加以改进，以便提高系统的可靠性。对于系统设计上的不足或以后想增加的新功能，可进行酝酿、改进，不断完善该系统。

1.2　气动系统设计要考虑的安全问题

（1）突然停电、故障的安全要求

控制系统突然发生故障或者设备断电，必须保证不会影响操作人员的生命安全。

配有多个气缸的气动设备必须有一个紧急按钮开关作为保护措施；同时，要根据设备设计和操作的特点，决定是否采取下列紧急停止措施：

① 关断气源，使设备处于无压条件。

② 使所有工作气缸回到其初始位置。

③ 使所有气缸安全地停在现有运动位置上。

（2）气动夹紧装置的安全要求

气缸夹紧装置的控制系统在设计和安装时，必须保证避免操作失误。这可以通过手动开关加装保护盖及控制线路内部互锁来实现。

必须保证不得让夹紧装置夹住手。有夹紧装置的机器应当在夹紧装置完全夹紧后，才能允许驱动工作轴或进给装置。这可以通过采用压力传感器及压力顺序阀来检查夹紧状况而实现。

当机器夹紧工件时，供气系统的故障不应造成夹紧装置松开现象。可以通过压缩空气储气罐及控制回路内部自锁来实现。

（3）对环境影响的考虑

气动系统可能出现以下两种形式的环境污染：

a. 噪声：由压缩空气外泄引起

必须采取措施控制过大的排放噪声。一种方法是采用排放消声器来解决。消声器是可用来减少阀门排气口的噪声。一般来说，消声器对活塞杆的速度影响很小。而采用节流消声器时，流体阻力是可以调节的。这种消声器可用来控制气缸活塞杆的速度和阀门动作响应的时间。减少噪声的另外一种方法是安装一些支管，将其接到驱动阀门的排气口，然后通过一个大的公共消声器来排放。

b. 油雾：由通过压缩机或压缩空气调理组引进的润滑油所引起

每当排气时，油雾随压缩空气排入大气中。机械工具或机械控制的机器排放出来的空气包含油雾。蒸气状的油雾常常可以在室内停留很长时间，如果被人吸入将是有害的。对于有大量气动马达或者设备上装有大口径气缸的场合来说，环境污染问题应受到重视。应当采取有效的措施减少排入大气中的油雾含量。

（4）操作安全

在对气动系统进行检修或操作时，应当十分小心地拆卸和取出供气管道。管内所积聚的能量将在极短时间内释放出来，对管道有很大的冲击力，甚至会伤人。因此，应当尽可能在拆卸管道以前先切断管道两端的压缩空气，并释放压力。还有一种危险情况也是值得注意的，压缩空气中混入的杂质颗粒随空气爆出时，可能会伤害眼睛。

为了保障人身安全，绝大多数气动控制系统装有安全装置和防护设备，一旦发现设备有问题，就应停止使用。

（5）系统设计与分析安全考虑总结

① 吸收已有的或类似的系统及分系统的安全性运行经验、教训、数据和信息，特别是相关的行业规范、技术标准，作为安全性设计和分析的根据。

② 识别系统在寿命周期内的各种状态下，尤其是在运行过程中存在的危害，并消除和控制与之相关的风险。此项工作要有专门的文字记录，并且要让有关人员知道，这种文件可以是规范或手册、说明书。

③ 当采用新的设计方法、新工艺、新材料和新技术或者进行技术改造时，应使其在安全性方面具有最小的风险。

④ 在论证、研制及订购系统及其分系统时，要充分考虑其安全性指标，避免在使用或运行时，为改善安全性而进行改装、改造，同时，还必须考虑到系统报废时的回收及处理方法，做到简便、无害、经济。

⑤ 在设计时，要尽最大努力将安全方面的需求与其他方面的需求作整体考虑，从而达到设计上的优化。

1.3　气动回路图的设计

一般来说，绘制气动回路图的方法有两种：

① 直觉法或称试凑法（即功能叠加法）。

② 根据一定的规则设计，即系统设计法。

对于简单的气动系统可用功能叠加法，即根据各元件的功能用有机叠加的方法来设计，再经实际搭接试验，最后优化定型。采用此法要求设计者具有一定的经验和知识的积累。

而采用第二种方法绘制的成功率很高，所花时间少，但要求熟悉一定的方法和掌握一定的基础理论。

无论采用哪一种回路设计方法，最终目的是要使系统具备一定的功能和实现可靠的操作控制。以前强调选用硬件价格不要太高的方案，而现在则更侧重于以清晰和布局明了的说明文件来保证系统的运行可靠和维护方便。

现在人们更多地采用系统设计方法。在系统设计方法中，控制系统总是根据规定的程序来构造，减少了设计人员人为因素的影响。在大多数情况下，这种系统设计的方法所需元件要比采用直觉法构造同一个回路所需要的元件多，但是由于其在设计构思阶段比较节省时间以及便于维护等，所以这一不足之处可以得到弥补。

无论采用哪一种方法或技术绘制气动回路图，都需要具备相关设备和元件的全部基础知识。

1.3.1　单缸回路的设计

（1）气缸的直接控制

对单作用气缸或双作用气缸的简单控制采用直接控制信号。直接控制用于驱动气缸所需气流相对较小的场合，控制阀的尺寸所需操作力也较小。如果阀门太大，对直接手动操作来说，所需的操作力也可能太大。

例 4-1 一个单作用气缸的直接控制。

问题 如图 4-2 所示，按下按钮时，一个直径 25 mm 的单作用气缸夹紧一个工件。只要按钮一直被按下，气缸就始终处于夹紧状态。如果按钮被释放，夹紧装置松开。

解 单作用气缸的控制阀门是二位三通阀门。这是因为气缸容量小，耗费的压缩空气少，可利用一个按钮式带弹簧复位的二位三通方向控制阀直接控制，如图 4-3 所示。

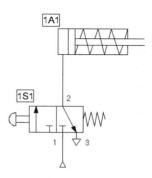

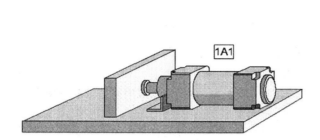

图 4-2 单作用气缸的直接控制　　　图 4-3 单作用气缸直接控制气动回路

例 4-2 一个双作用气缸的直接控制。

问题 按下按钮时，一个直径 25 mm 的双作用气缸夹紧一个工件。只要按钮一直被按下，气缸就始终处于夹紧状态。如果按钮被释放，夹紧装置松开。

解 双作用气缸的控制阀门是二位五通阀门。这是因为，气缸伸出需要气压驱动，同样，气缸缩回也需要气压的驱动，所以，需要一个按钮式带弹簧复位的二位五通方向控制阀直接控制，如图 4-4所示。

（2）气缸的间接控制

对高速或大口径的控制气缸来说，所需气流的大小决定了应采用的控制阀门的尺寸大小。如果要求驱动阀门的操作力较大，采用间接控制就比较合适。当气缸运动速度较高或需要一个不能直接操作的大口径阀门时，也属于同样的情况，这时控制元

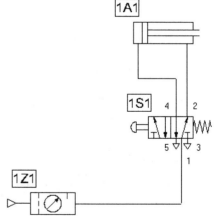

图 4-4 双作用气缸直接控制气动回路

件要求口径大、流量大，要用控制端的压缩空气来克服阀门开启阻力，这就是间接控制。连接管道可以短些，因为控制阀门可以靠近气缸安装。另一个优点是，信号元件（即按钮式 3/2 阀）尺寸可以小一些，因为它仅提供一个操作控制阀的信号，无须直接驱动气缸，这个信号元件尺寸较小且开关时间短。

例 4-3 单作用气缸的间接控制。

问题 当按钮被动作时，一个大口径单作用气缸伸出。

解 按钮阀被安装在远处，故这时应当采用间接控制方式来驱动气缸。一旦按钮被松开，

气缸返回。如图 4-5 所示，在初始位置时，单作用气缸回缩，且由于弹簧复位，单气控控制阀处于未动作的位置。按钮阀处于弹簧复位的位置，使 2 口与 3 口接通，与大气接通。当按钮阀被按下时，按钮阀左位工作，1 口与 2 口接通，气压驱动单气控换向阀左位工作，气缸伸出。控制阀可以靠近气缸安装，控制大口径气缸时其尺寸也较大。而按钮的尺寸可以很小，且安装在较远的地方。

例 4-4 双作用气缸的间接控制。

问题 如图 4-6 所示，按下按钮时，一个大口径的双作用气缸伸出，为下方的工件打上商标印记。商标印记打好后，松开按钮，双作用气缸缩回，等待下一个工件的到来。

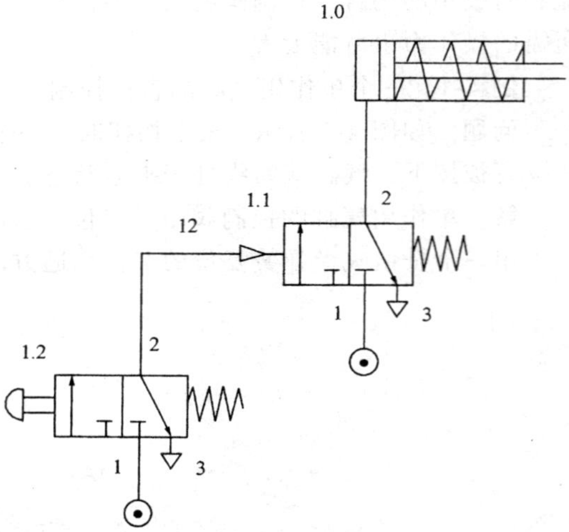

图 4-5 单作用气缸的间接控制气动回路

解 如图 4-7 所示，在初始位置时，双作用气缸回缩，且由于弹簧复位控制阀 1V1 处于未动作的位置。按钮阀处于弹簧复位的位置，使 2 口与大气接通。当按钮阀 1S1 被按下时，按钮阀左位工作，1 口与 2 口接通，气压驱动单气控换向阀 1V1 左位工作，气缸伸出。控制阀可以靠近气缸安装，控制大口径气缸时其尺寸也较大。而按钮的尺寸可以很小，且安装在较远的地方。

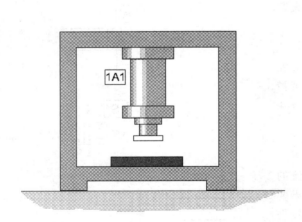

图 4-6 双作用气缸的间接控制 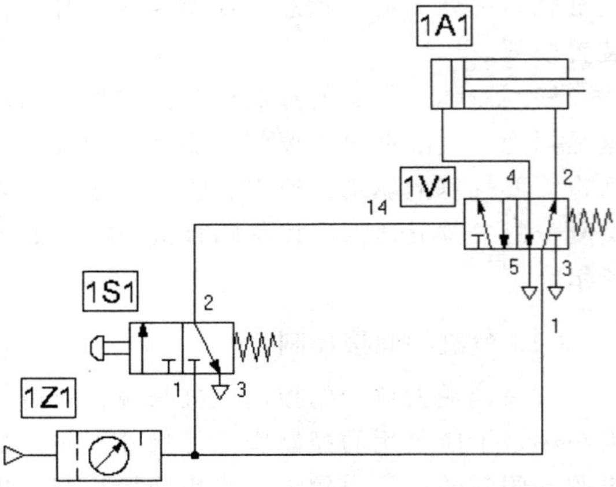　　　　**图 4-7 双作用气缸的间接控制气动回路**

（3）逻辑"与"、"或"的功能

气动梭阀和双压阀具有逻辑功能。梭阀有"或"功能的特性，它的两个输入 X 或 Y 至少有一个存在时，阀门的输入口 A 就会产生一个输出信号。对双压阀来说，它具有"与"功能特性，只有当输入 X 和 Y 同时存在时，输出端 A 才有信号。双压阀和梭阀通常控制输入信号的通断，从而满足回路特定的条件。例如，驱动一个气缸以前，要求考虑信号互锁、安全措施以及满足运行条件。逻辑元件在回路中起着信号处理的作用，即加工信号，使其满足一定的条件。

例如：按下两个 3/2 阀的按钮，双作用气缸的活塞杆伸出。假如松开其中一个按钮，则气缸回到初始位置。不用"与"阀，用两个 3/2 阀串联也能实现，如图 4-8 所示。

又如：如果两个按钮其中之一按下，双作用气缸伸出。假如两个按钮同时松开，则气缸回缩，如图4-9所示。

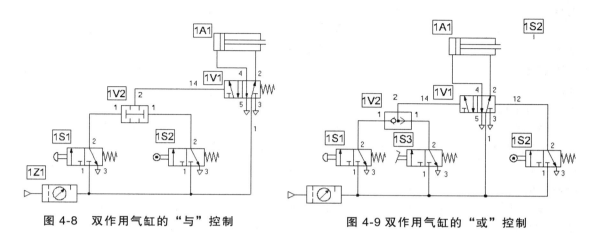

图 4-8 双作用气缸的"与"控制   图 4-9 双作用气缸的"或"控制

（4）记忆回路及速度控制

双气控阀具有记忆功能，即在它受到新的触发信号前具有保持原状态特性。通过控制气体的流量可以实现气缸的速度控制。

例 4-5 双气控阀的应用。

问题 如图 4-10 所示，按下 3/2 按钮阀 1S1，一个双作用气缸的活塞杆就伸出；气缸停留在伸出位置，直到另一个按钮 1S2 被按下，且第一个按钮开关 1S1 被松开，这时，气缸回到初始位置。在新的启动信号发出之前，气缸停留在初始位置。气缸向两个方向运动的速度均可调节。

解 4/2 或 5/2 双端气控阀具有记忆功能。阀门将停留在原先的开关位置上，直接接收到一个换向的信号。正是因为这个原因，按钮装置发出的信号只需要维持很短的时间。

流量控制阀可在两个方向上控制气缸速度，并且两个方向上的速度可以独立调节。图中装了两个流量控制阀 1V1 和 1V2，目的是对活塞向两个方向运动时排气进行节流。而供气是通过流量控制阀旁的两个单向阀，这样在供气时没有节流作用。

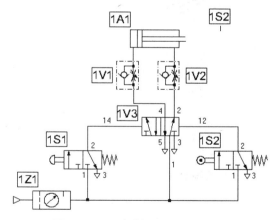

图 4-10　双气控阀的应用回路

1.3.2　多缸控制回路的设计

在设计多缸控制回路时，各缸动作的先后次序要明确，这是十分重要的。所有气缸的运动都用位移-步骤图来表示。有关启动顺序的条件也应加入。

如果系统运动图及附加条件均已确定，就可以开始画回路图了。根据要求及标准的绘图方法和已有的草图，设计控制回路。

在绝大多数情况下，利用换向阀切换信号。

利用换向阀构造回路图的方法是最容易掌握的，它用于控制回路中要用换向阀来切换信号的地方。在以后的步进回路设计时也用此法。

另一点值得注意的是，控制回路中包括一系列附加条件。在回路的基本功能已经完成的情况下，再考虑这些附加条件。这些条件在回路中应当逐一加以考虑，即回路图应当逐步地完善扩充。用这个方法可以使回路图从总体来说十分清楚，又可满足某些地方很细微的控制要求。

通过下面的例题就能掌握这一方法的应用。

例 4-6　如图 4-11 所示，两个气缸被用来从料仓到滑槽传递工件。按下按钮，气缸 1A1 伸出，将工件从料仓推到气缸 2A1 前面的位置，等待气缸 2A1 将其推入输送滑槽。工件被传递到位后，第一个气缸 1A1 回缩，接着第二个气缸 2A1 回缩。两个气缸的运动速度是可调节的。同时需要检测它们伸出及回缩是否已经到位。

解　两个气缸的位移情况如图 4-12 所示，执行机构的工作顺序是：气缸 1A1 伸出，然后 2A1 伸出；气缸 1A1 返回，则 2A1 返回。在气缸的各极限都有位置开关。

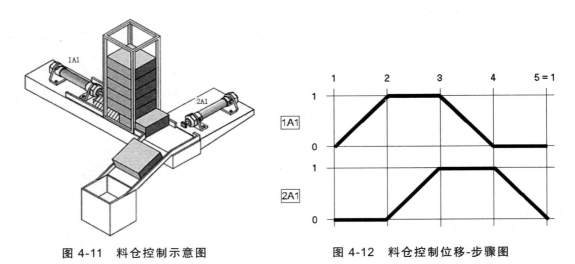

图 4-11　料仓控制示意图　　　　　图 4-12　料仓控制位移-步骤图

（1）系统分析

根据题意，首先要确定系统所用的元件，参照表 4-1 所示。

表 4-1　气动元件列表

序号	元　件	数量	说　明
1	双作用气缸	2	A 和 B，执行元件
2	3/2 机控换向阀，NO，单控信号	4	气缸位置检测
3	5/2 双气控换向阀	2	分别用于切换气缸 A、B 的压缩气体的流动方向
4	3/2 单气控换向阀，NO	1	用于启动信号
5	气源装置（套）	1	带二联件或三联件，提供能量
6	单向节流阀	2	调速装置（可选），调节气缸 A 和 B 前向冲程的速度

（2）气动回路设计

一般的气动系统可分为两个回路：主回路和控制回路。主回路一般主要包括执行元件、主控换向阀等元件；控制回路一般包括动作信号元件（输入输出信号）、位置检测（控制信号）元件、速度调节元件等。当然，每个部分都必须要有能源（气源）和管路（气管）等辅助装置。

① 我们首先设计系统的主回路，包括执行机构和主控制阀，见图 4-13。

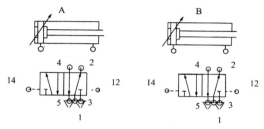

图 4-13 系统主回路

② 在此基础上决定每个执行元件的检测信号的位置。根据题意我们已经知道，该系统中包含了 4 个位置检测装置，画出检测信号的布置图，如图 4-14 所示。

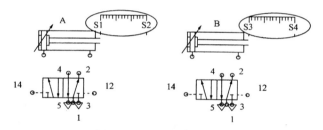

图 4-14 检测信号位置

③ 在上述基础上，加入输入信号（按钮阀）和气源，初步布置元件位置，见图 4-15。

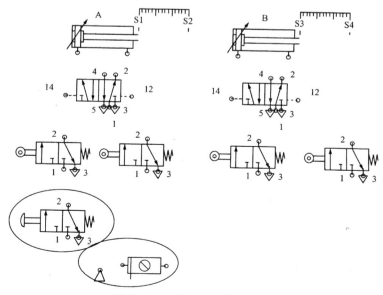

图 4-15 系统各元件布置图

④ 确定检测元件与代号的关联。在初始情况下，两个气缸的活塞都处于回程的位置，其代号为 S1（A 气缸）和 S3（B 气缸）。当启动按钮发出信号后，气缸 A 前向冲程，直到最外端的检测元件 S2 发出信号；然后，气缸 B 开始进行前向冲程，直到最外端的检测元件 S4 发出信号；接着，气缸 A 开始进行反向回程，直到最内端的检测元件 S1 发出信号；最后，气缸 B 开始进行反向回程，直到最内端的检测元件 S3 发出信号。这样，就完成了一个工作循环。

根据上述过程，我们可以确定布置图中检测元件与代号的关联，见图 4-16。

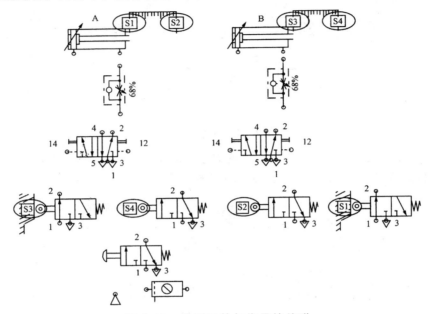

图 4-16　检测元件与代号的关联

⑤ 气路连接。按照图 4-16 进行气路连接，并调整元件位置，使得气动回路图美观，就得图 4-17 所示的气动回路图。

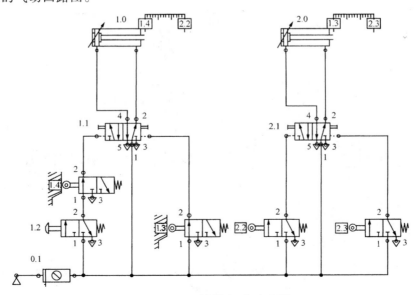

图 4-17　系统的气动回路图

⑥ 加入系统运行时的调速装置（单向节流阀，调节气缸前向冲程的速度，方式为排气节流）；检查是否缺少其他的气动辅助元件，并在此加上；最后，给各个元件标号（数字）。得到图 4-18 所示的气动回路图。

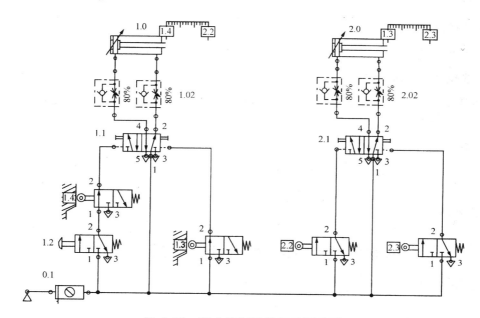

图 4-18　料仓控制系统气动回路图

1.4　气动系统设计小结

下面主要以多缸单往复系统为例介绍行程程序控制回路的设计方法。

（1）行程程序控制系统的设计步骤

行程程序控制系统的运行方式，通常是前一个执行元件动作完成并发出信号后，下一个动作才能进行，此动作完成后又发出新的信号，直到完成预定的程序。所以，行程程序控制是一种闭环控制系统。下面简述行程程序控制系统的设计步骤：

① 运动状态的要求，即直线运动的速度、行程、旋转运动的速度、转角及动作顺序等。

② 输出力或力矩的要求，即力或力矩的大小。

③ 工作环境的要求，如工作场地的温度、湿度、振动、冲击、粉尘及防燃、防爆设施等情况。

④ 与机械、电气及液压系统配合关系的要求。

⑤ 控制方式的要求，如手动、自动控制以及遥控等。

⑥ 其他要求，如价格、外形尺寸以及美学设计要求等。

（2）回路设计

回路设计是系统设计中的核心。行程程序控制回路的设计方法有分组供气法、卡诺图法以及信号动作状态线图法等。下面只介绍使用最普遍的信号动作状态线图法，其设计步骤为：① 列出动作顺序，画出工作流程图；② 画出位-移步骤图；③ 找出故障，消除障碍；④ 画出气动主回路图；⑤ 画出气动控制回路图；⑥ 再次进行分析验证。

（3）选择和计算执行元件

① 确定执行元件的类型和数目；② 计算和确定执行元件的运动参数及结构参数（即速度、行程、转速、力及缸径等）。

（4）选择控制元件

① 确定控制元件的类型及数目；② 确定控制方式及安全保护回路。

（5）选择气动辅助元件

① 选择过滤器、油雾器、气罐、干燥器等的型式及容量；② 确定管径、管长及管接头的型式；③ 验算各种压力损失。

（6）确定气源

通过上述步骤可以设计出较完整的气动控制系统。

☆　项目实践

机械手气动系统的设计、安装与调试

【任务说明】

气动机械手在自动化生产线上很常见，是自动化生产线上重要的组成部分。机械手的主要功能是搬运工件，把工件从一个位置搬运到另外一个位置。机械手的结构型式有多种，有伸缩型机械手、门型机械手、旋转型机械手等。本任务要求设计一种气动机械手，能够实现小工件的搬运。

【任务分析】

为了增加机械手的工作范围和气动机械手的灵活性，我们选用旋转型气动机械手，整个机械手由一个摆缸和两个直线型气缸和一个气爪组成，如图 4-1 所示。调节摆缸的摆动角度，可以改变机械手的工作范围。机械手可以从右位（左位）抓取工件，然后摆缸摆动到左位（右位），气爪松开，放下工件。整个机械手的基本技术要求如下：

① 整个机械手要固定在铝型材安装板上，固定牢靠，不得松动。
② 气爪夹紧要到位，夹紧力要合适，工件不得掉落。
③ 机械手整个工作过程要平稳，气缸伸出或缩回到位时要有缓冲，减小震动。
④ 要能根据工作过程，各气缸按照一定的顺序动作。
⑤ 合理选择各种气动元件，熟悉其使用方法。
⑥ 正确安装整个气动系统。

【任务实施】

1. 前期准备

① 充分了解研究对象，收集相关信息。
② 组建团队。确定项目实施指导教师，学生成立项目小组，分派组员任务。

2. 制订项目实施计划

充分分析收集到的相关信息，明确其工作过程与要求，制订出合理的、可行的项目实施方案，详细列出项目实施进度表。

（1）确定机械手气动系统的设计方案

a. 方案一

采用纯气动控制系统，气动机械手的每一个动作通过气控阀来实现。主阀采用二位五通气控阀对气缸进行控制，机械手的启动及每一个气缸的动作均由二位三通手控阀来控制。

该方案的优点是：不需要其他的专业知识，易于在实验室实现。

缺点是：操作人员对机械手的操作较复杂，不易实现自动化。

b. 方案二

采用 PLC 控制的气动控制系统，气动机械手的整个工作顺序由 PLC 的程序控制实现。主阀采用二位五通电控阀，机械手的启动和停止由启动、停止按钮来控制。

该方案的优点是：操作简单，易于实现自动化。

缺点是：需要配备 PLC、稳压电源、开关等电器元件，增加成本。

在此，我们选择方案一来实施。

（2）设备与工具准备

气源装置（包括气动三联件）1 套，气源三联件 1 套，气管剪 1 把，气管（内径分别是 10、8、6、4）适量，气缸（含摆缸）4 个，可调单向节流阀 8 个，换向阀 10 个，内六方扳手 1 套，活口扳手 1 套，铝型材若干，其他工具若干。

（3）任务实施步骤

a. 分析机械手工作过程，理清工作程序

如图 4-19 所示，气动机械手的工作程序为：工件在左（右）位→摆缸动作到左（右）位→伸缩气缸伸出→升降气缸下降→气爪夹紧工件→升降气缸上升→伸缩气缸缩回→摆缸动作到右（左）位→伸缩气缸伸出→升降气缸下降→气爪松开工件→升降气缸上升→伸缩气缸缩回。

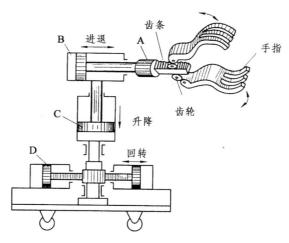

图 4-19　气动机械手

b. 绘制位移-步骤图

位移-步骤图如图 4-20 所示。

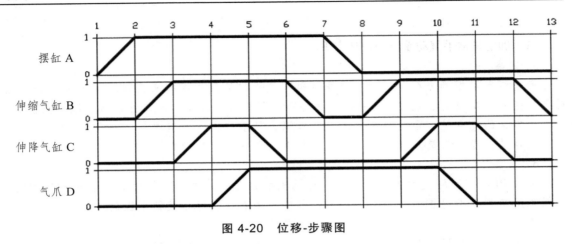

图 4-20　位移-步骤图

说明：

① 摆缸 A：0 为右位，1 为左位；

② 伸缩气缸 B：0 为缩回，1 为伸出；

③ 升降气缸 C：0 为升起，1 为下降；

④ 气爪 D：0 为气爪张开，1 为气爪夹紧。

c. 绘制气动控制回路图

根据工作顺序图和工作要求，便可绘制气控回路图。

① 画出 4 只气缸的原始状态。摆缸 A 在右位，伸缩气缸 B 为缩回状态，升降气缸 C 为升起状态，气爪 D 为张开状态。如图 4-21 所示。

图 4-21　机械手执行机构布局图

② 画出控制 4 只气缸处于原始状态的 4 只主控阀的控制位置，如图 4-22 所示。

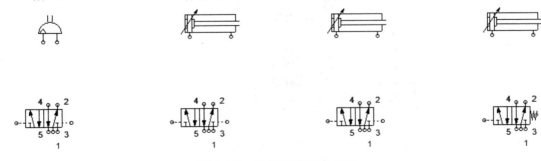

图 4-22　机械手主阀布局图

③ 画出其他的控制阀，如图 4-23 所示。

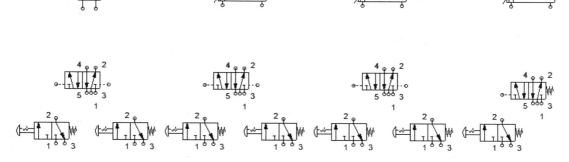

图 4-23 机械手执行机构与控制阀布局图

④ 用线连接起来。

⑤ 连接气动三联件。

⑥ 按以上说明，绘制出完整气控回路图，如图 4-24 所示。

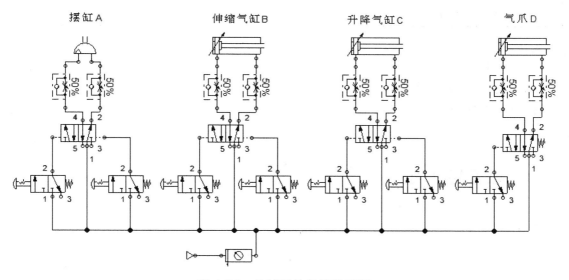

图 4-24 机械手的气控回路图

d. 气动元件选型

① 气缸选型：已知每个缸的行程及要求的输出力，得出各缸技术参数如表 4-2 所示。

表 4-2 各缸技术参数

气缸号	A	B	C	D
行程 /mm	≥180°	100	50	开度≥10
输出力 /N	300	300	300	200
选缸径 /mm	20	20	20	16

伸缩气缸 B 采用双活塞杆气缸,可防止扭转;升降气缸 C 采用带行程调节螺母的气缸,方便调节升降高度。每个气缸均选择标准气缸,气缸行程的大小不能小于预估值。具体选型如下:A 缸,HRQ20;B 缸,TN-20×100-S;C 缸,MD-20×50-S;D 缸,HFZ16-F。

② 控制阀及其他辅件的选型:根据各个气缸的耗气量,选择合适的控制阀,要求:换向阀的气流容积完全能满足气缸的耗气量需求,且比预估值稍大;流量阀要满足气缸的速度要求,且比预估值稍大;压力阀要满足气缸的压力要求,且比预估值稍大。控制阀及辅件选型见表 4-3。

表 4-3　控制阀与辅件选型表

气缸	主控阀	手控阀	速度控制阀	管接头及管线
A	4A320-08	S3PM-08-G S3PM-08-R	ASC100-08	$\phi6$
B	4A320-08	S3PM-08-G S3PM-08-R	ASC100-08	$\phi6$
C	4A320-08	S3PM-08-G S3PM-08-R	ASC100-08	$\phi6$
D	4A310-08	S3PM-08-G	ASC100-08	$\phi6$

e. 机械手的安装、调试

按照图 4-1 所示,把各种气缸和铝型材进行安装,把气动控制阀固定在安装板上,连接气管线,最后,通气调试,使得气动机械手能够满足工作要求。

5. 考核与评价

此处略。

★　思考与练习

1. 气动系统设计需要注意哪些内容?具体设计步骤有哪些?
2. 气缸在与负载连接时需要注意哪些问题?
3. 气动系统在调试时主要有哪几个阶段?需要做些什么工作?
4. 气动系统在使用中应注意哪些问题?
5. 气动系统日常维护工作的主要内容有哪些?

项目五　剪板机液压系统

☆　项目描述

剪板机是用一个刀片相对于另一个刀片做往复直线运动剪切板材的机器。它借助于运动的上刀片和固定的下刀片,采用合理的刀片间隙,对各种厚度的金属板材施加剪切力,使板材按所需要的尺寸断裂分离。液压剪板机属于锻压机械中的一种(见图 5-1),主要用于金属加工行业。液压剪板机由主机和动力机构两大部分组成。主机部分包括机身、主缸、顶出缸及充液装置等。动力机构由油箱、高压泵、低压控制系统、电动机及各种压力阀和换向阀等组成。电气装置按照液压系统规定的动作程序,发出信号指令,动力机构在电气装置的控制下,通过泵和油缸及各种液压阀,实现能量的转换、调节和输送,完成各种工艺动作的循环。

图 5-1　液压剪板机

☆　项目教学目标

1. 知道液压系统的组成、工作原理及特点。
2. 熟悉液压泵的结构及工作原理。
3. 熟悉液压缸的结构及工作原理。
4. 知道液压控制阀件的工作原理及使用。
5. 熟悉液压辅助元件及其使用方法。
6. 熟记几种常用的液压控制回路。
7. 知道液压系统的设计方法、步骤及液压系统的维护。

任务 1　液压系统认知

【任务引入】

液压剪板机是借助于运动的上刀片和固定的下刀片，采用合理的刀片间隙，对各种厚度的金属板材施加剪切力，使板材按所需要的尺寸断裂分离。它主要用于金属板料的剪裁和下料加工，是航空、轻工、冶金、化工、建筑、船舶、汽车、电力、电器、装潢等行业所需的专用机械和成套设备。

【任务分析】

液压剪板机用于对金属板材进行剪切，剪切力足够大才能剪断金属板材。气压传动的工作压力一般为 0.4～0.8 MPa，所以气动系统的输出力较小，不足以剪断金属板材。另外，由于气体具有很大的可压缩性，所以负载的变化对传动的影响很大。如果需要较大的输出力，需要平稳的传动，就要采用液压系统。因此，我们需要熟悉液压传动的工作原理、液压传动的特点、流体特性等。

【相关知识】

1.1　液压传动的工作原理

以液压千斤顶为例，如图 5-2 所示，它由外壳、大活塞、小活塞、扳手、油箱等部件组成。

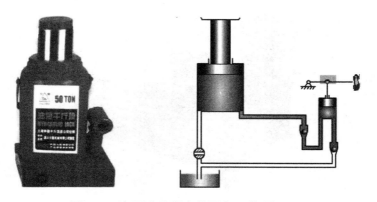

图 5-2　液压千斤顶实物图与工作原理图

其工作原理是：扳手往上走带动小活塞向上，油箱里的油通过油管和单向阀门被吸进小活塞下部，扳手往下压时带动小活塞向下，油箱与小活塞下部油路被单向阀门堵上，小活塞下部的油通过内部油路和单向阀门被压进大活塞下部，因杠杆作用，小活塞下部压力增大数十倍，大活塞面积又是小活塞面积的数十倍，由手动产生的油压被挤进大活塞，由帕斯卡原理可知，大小活塞面积比与压力比相同。这样一来，手上的力通过扳手到小活塞上增大了十多倍（假设为 15 倍），小活塞到大活塞力又增大了十多倍（也假设为 15 倍），到大活塞（顶车时伸出的活动部分）的力量 = 15×15 = 225 倍的力量了，假若手上用 20 kg 力，就可以产生 20×225 = 4 500 kg（4.5 t）的力量。工作原理就是如此。当工作完成后，将一个平时关闭的阀门手动打开，油就靠重物重量被挤回油箱。

液压千斤顶的工作特点是：

① 由具有一定压力的液体来传动。

② 传动过程中必须经过两次能量转换。

③ 传动必须在密封容器内进行，而且容积要进行变化。

④ 机械能转换为液压与气压能的必要条件是：在密封容器内进行；密封容积可周而复始发生变化。同样：液压与气压能转化为机械能也必须满足上述条件。

1.2　液压传动与气压传动的比较

（1）优点

① 液压传动与气压传动一样能方便地实现无级调速，调速范围大。

② 在相同功率情况下，液压传动的能量转换元件的体积较小，重量较轻。

③ 液压传动与气压传动一样，都工作平稳，反应速度快，冲击小，能高速启动、制动和换向。

④ 液压与气动系统都便于实现过载保护。

⑤ 液压与气动系统均操作简单，便于实现自动化。特别是电气控制联合使用时，易于实现复杂的自动工作循环。

⑥ 液压与气动元件易于实现系列化、标准化和通用化，故便于设计、制造。

⑦ 气压传动的工作介质取之不竭，且不易污染。

（2）缺点

① 泄漏和流体的可压缩性，使其无法保持严格的传动比，这一缺点对气动尤为显著。

② 液压传动对油温的变化比较敏感，不宜在很高和很低的温度下工作，且易污染环境。

③ 气压传动传递的功率较小，气动装置的噪声也大。

（3）不同点

液压传动与气压传动相比有许多不同点，如表 5-1 所示。

表 5-1　液压传动与气压传动的区别

比较项目	气压传动	液压传动
负载变化对传动的影响	影响较大	影响较小
润滑方式	需设置润滑装置	介质为液压油，可直接用于润滑，不需要设置润滑装置
速度反应	速度反应较快	速度反应较慢
系统构造	结构简单，制造方便	结构复杂，制造相对较难
信号传递	信号传递较易，且易实现中距离控制	液压传递信号较难，常用于短距离控制
环境要求	可用于易燃、易爆、冲击场合，不受温度污染的影响，存在泄漏现象，但不污染环境	对温度污染敏感，存在泄漏现象，且污染环境，易燃
产生的总推力	具有中等推力	能产生大推力
节能、寿命和价格	所用介质是空气，其寿命长，价格低	所用介质是液压油，寿命相对短，价格较贵
维护	维护简单	维护复杂，排除故障困难
噪声	噪声大	噪声较小

1.3 液压传动系统的组成

液压传动是先通过动力元件（液压泵）将原动机（如电动机）输入的机械能转换为液体压力能，再经密封管道和控制元件等输送至执行元件（如液压缸），将液体压力能又转换为机械能以驱动工作部件。

液压传动系统的组成如图 5-3 所示。

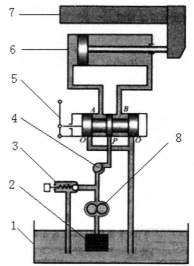

• 动力元件，即液压泵，其职能是将原动机的机械能转换为液体的压力动能（表现为压力、流量），其作用是为液压系统提供压力油，是系统的动力源。

• 执行元件，指液压缸或液压马达，其职能是将液压能转换为机械能而对外做功，液压缸可驱动工作机构实现往复直线运动（或摆动），液压马达可完成回转运动。

• 控制元件，指各种液压阀，利用这些元件可以控制和调节液压系统中液体的压力、流量和方向等，以保证执行元件能按照人们预期的要求进行工作。

• 辅助元件，包括油箱、滤油器、管路及接头、冷却器、压力表等。它们的作用是提供必要的条件使系统正常工作并便于监测控制。

图 5-3 液压系统组成示意图
1—油箱；2—过滤器；3—溢流阀；4—节流阀；
5—换向阀；6—液压缸；7—工作台；
8—液压泵

• 工作介质，即传动液体，通常称液压油。液压系统就是通过工作介质实现运动和动力传递的，另外，液压油还可以对液压元件中相互运动的零件起润滑作用。

1.4 流体的力学规律

1.4.1 液体静力学

（1）压力及其性质

液体的压力是指液体在单位面积上所受到的法向作用力。物理学中称压强，液压传动中习惯称压力，用 p 来表示。其表达式为：

$$p = \frac{F}{A} \tag{5-1}$$

式中：p 为压强；F 为作用面上的法向作用力；A 为作用面面积。

液体的压力有如下重要性质：

① 静止液体中任一点处的压力由两部分组成：液面压力 p_0 和液体自重所形成的压力 $\rho g h$。

在重力作用下的静止液体，其受力情况如图 5-4 所示，除了液体重力、液面上的压力外，还有容器壁面作用在液体上的压力。如要求出液体内点 q（离液面深度为 h）处的压力，可以从液体内取出一个底面通过该点的垂直小液柱。设液柱的底面积为 ΔA，高为 h，由于液柱处于平衡状态，于是有 $p\Delta A = p\Delta A + F_G$，这里的 F_G 是液柱的重力，$F_G = \rho g h \Delta A$，因此有：

$$p = p_0 + \rho g h \tag{5-2}$$

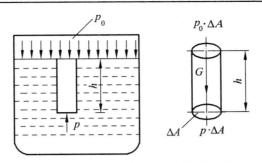

图 5-4　重力作用下静止液体的受力情况

② 静止液体内压力随液体深度呈直线规律分布。

③ 离液面深度相同处各点的压力均相等，压力相等的点组成的面叫等压面。在重力作用下，静止液体中的等压面是一个水平面。

（2）压力的表示方法和单位

液体压力有绝对压力和相对压力两种，见图 5-5。绝对压力以绝对真空（压力为 0）为基准来进行度量；相对压力是以大气压力为基准来进行度量。绝对压力、大气压、相对压力的关系是：

$$绝对压力 = 大气压力 + 相对压力$$

或　　　　　　　　$$相对压力（表压）= 绝对压力 - 大气压力$$

注意：液压传动系统中所测压力均为相对压力，即表压力。

$$真空度 = 大气压力 - 绝对压力$$

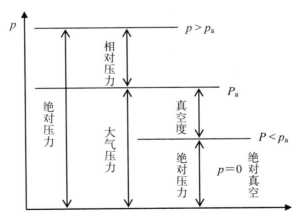

图 5-5　绝对压力、相对压力及真空度的关系

液体压力的单位同气体压力单位。

（3）液体静止压力作用在固体壁面上的力

静止液体和固体壁面相接触时，固体壁面上各点在某一方向上所受静压力作用力的总和，便是液体在该方向上作用于固体壁面上的力。

固体壁面为一平面时，如不计重力作用（即忽略 $\rho g h$ 项），平面上各点处的静压力大小相等，作用在固体壁面上的力等于静压力与承压面积的乘积，即 $F = pA$，其作用方向垂直于壁面。

当固体壁面为一曲面时，情况就不同了，曲面上液体作用力在某一方向上的分力等于压力和曲面在该方向的垂直面内投影面积的乘积。

1.4.2　流体动力学

（1）流量和平均流速

单位时间内通过某通流截面的液体的体积称为流量。

平均流速：　$v = \dfrac{q}{A}$ 　　　　　　　　　　　　　　　　　　　（5-3）

式中：v 为流体速度；q 为流体的体积；A 为通流截面面积。

（2）流动液体的压力

静止液体内任意点处的压力在各个方向上都是相等的，可是在流动液体内，由于惯性力和黏性力的影响，任意点处在各个方向上的压力并不相等，但数值相差甚微。当惯性力很小，且把液体当作理想液体时，流动液体内任意点处的压力在各个方向上的数值可以看作是相等的。

（3）连续性方程

理想液体在管道中恒定流动时，根据质量守恒定律，液体在管道内既不能增多，也不能减少，因此在单位时间内流入液体的质量应恒等于流出液体的质量。

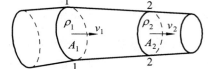

假设液体在图 5-6 所示的管路中做稳定流动。任取的 1、2 两个通流截面的面积分别为 A_1、A_2，并且在该两个截面处的液体密度和平均流速分别为 ρ_1、v_1 和 ρ_2、v_2，根据质量守恒定律，在单位时间内流过两个截面的液体质量相等，即：

图 5-6　液体连续性示意图

$$\rho_1 v_1 A_1 = \rho_2 v_2 A_2 = 常数$$ 　　　　　　（5-4）

若忽略液体的可压缩性，则 $\rho_1 = \rho_2$，可得：

$$v_1 A_1 = v_2 A_2 = 常数$$ 　　　　　　　　　（5-5）

这就是液体的连续性方程。它说明在稳定流动中，流过各截面的不可压缩液体的流量是相等的，而液体的流速和管道通流截面的大小成反比。

（4）伯努利方程

伯努利方程是能量守恒定律在流体力学中的应用。理想液体在管道中稳定流动时，根据能量守恒定律，同一管道内任一截面上的总能量应该相等。

所谓"理想液体"，是一种既无黏性又不可压缩的液体。而把事实上既有黏性又具有压缩性的液体称为实际液体。理想液体的引入是为了研究问题方便而进行抽象化的假设。

a. 理想液体的伯努利方程

设想液体在如图 5-7 所示的管道内稳

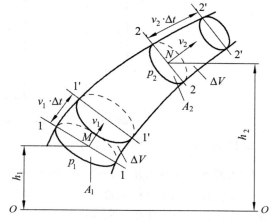

图 5-7　伯努利方程示意图

定流动。任取一段液流作为研究对象，设 M、N 两截面中心到基准面 $O-O$ 的高度分别为 h_1 和 h_2，两通流截面积分别为 A_1、A_2，压力分别为 p_1 和 p_2；由于它是理想液体，截面上的流速可以认为是均匀分布的，故设 M、N 截面的流速分别为 v_1 和 v_2。假设经过很短时间 Δt 以后，M 段液体移动到 N 段位置。液体在两截面处具有压力能、动能和位能，能量之和不变，由理论推导可得理想液体的伯努利方程为：

$$\frac{p_1}{\rho g}+\frac{v_1^2}{2g}+h_1=\frac{p_2}{\rho g}+\frac{v_2^2}{2g}+h_2 \qquad (5-6)$$

或

$$\frac{p}{\rho g}+\frac{v^2}{2g}+h=常数 \qquad (5-7)$$

式（5-6）、式（5-7）即为理想液体的伯努利方程。

式（5-7）中各项分别是单位重力液体的压力能、动能和位能，分别称为比压能、比动能和比位能。它们都具有长度量纲。

上述伯努利方程的物理意义是：在密封管道内稳定流动的理想液体具有 3 种形式的能量，即压力能、动能和位能，在流动过程中，3 种能量可以相互转化，但在任一通流截面上，3 种能量之和不变。

b. 实际液体的伯努利方程

实际液体在管道内流动时，由于液体存在黏性，会产生内摩擦力，消耗能量；同时，管道局部形状和尺寸的骤然变化，使液流产生扰动，也消耗能量。因此，实际液体流动有能量损失。假设单位重力液体在两截面间流动的能量损失为 h_w，再考虑到实际液体在管道通流截面上的流速分布不均，在用平均流速代替实际流速计算动能时，会产生误差，引入动能修正因数 α，则实际液体的伯努利方程为：

$$\frac{p_1}{\rho g}+\frac{\alpha_1 v_1^2}{2g}+h_1=\frac{p_2}{\rho g}+\frac{\alpha_2 v_2^2}{2g}+h_2+h_w \qquad (5-8)$$

式中，对于动能修正因数 α_1、α_2 的值，当紊流时，取 $\alpha=1$；当层流时，取 $\alpha=2$。

伯努利方程揭示了液体流动中的能量变化规律，因此，它是流体力学中特别重要的基本方程。伯努利方程不仅是进行液压系统分析的理论基础，而且还可以用来对多种液压问题进行研究和计算。

1.4.3 液体流动时的压力损失

液体流动中的能量损失：液体在管路中流动，为克服阻力会损耗一部分能量，这种能量损失可用液体的压力损失来表示。液压系统中的压力损失分为两类，一类是沿程压力损失，另一类是局部压力损失。

（1）沿程压力损失

流体在等径直管中流动时因黏性摩擦阻力而产生的压力损失，液流在管路中流动时的沿程压力损失与液流运动状态有关。用公式表示为：

$$\Delta p_\lambda=\lambda \cdot \frac{l}{d} \cdot \frac{\rho v^2}{2} \qquad (5-9)$$

式中：λ 为沿程阻力系数；l 为液流管道长度；v 为液体在管道中的平均速度；d 为管道直径；ρ 为液体密度。

（2）局部压力损失

液体流经管路的弯头、接头、阀口等处时产生的损失。用公式表示为：

$$\Delta p_\zeta = \zeta \frac{\rho v^2}{2} \tag{5-10}$$

式中：ζ 为流体局部阻力系数；ρ 为流体的密度；v 为流体的平均流速。

（3）管路中的总压力损失

管路系统总的压力损失等于直管中的沿程压力损失 Δp_λ 及所有局部压力损失 Δp_ζ 的总和，即：

$$\Delta p = \sum \Delta p_\lambda + \sum \Delta p_\zeta \tag{5-11}$$

结论：减小流速，缩短管路长度，减少管路截面的突然变化，提高管内壁加工质量，都可减少压力损失，其中影响压力损失的主要因素是液体的流速。

1.4.4　液压冲击和气穴现象

（1）液压冲击

在液压系统中，常常由于某些原因而使液体压力突然急剧上升，形成很高的压力峰值，这种现象称为液压冲击。

a. 产生液压冲击的原因

阀门突然关闭或液压缸快速制动。液流惯性使其动能转换为压力能，产生压力冲击波，在另一端压力能又转换为动能，然后反复能量转换，形成压力振荡。

b. 液压冲击的危害性

系统中出现液压冲击时，液体瞬时压力峰值可以比正常工作压力大好几倍。液压冲击会损坏密封装置、管道或液压元件，还会引起设备振动，产生很大噪声。有时，液压冲击使某些液压元件产生误动作，影响系统正常工作。

c. 减小液压冲击的措施

① 延长阀门关闭和运动部件制动换向的时间。

② 限制管道流速及运动部件速度。

③ 适当加大管道直径，尽量缩短管路长度。

④ 采用软管，或在冲击区附近安装蓄能器等缓冲装置，以及在容易出现液压冲击的地方安装限制压力升高的安全阀。

（2）气穴

在液压系统中，如果某处的压力低于空气分离压时，原先溶解在液体中的空气就会分离出来，导致液体中出现大量气泡的现象，称为气穴。

a. 产生气穴的部位

泵的吸油口、油液流经节流部位、突然启闭的阀门、带大惯性负载的液压缸以及液压马达在运转中突然停止或换向时，都将产生气穴现象。

b. 气穴的危害性

大量的气泡破坏了液流的连续性，造成流量和压力脉动，甚至引起局部液压冲击，发出噪声并引起振动。当附着在金属表面上的气泡破灭时，它所产生的局部高温和高压会使金属剥蚀，这种由气穴造成的腐蚀作用称为气蚀。气蚀会使液压元件的工作性能变坏，并使其寿命大大缩短。

　　c. 减少气穴和气蚀危害的措施

　　① 减小小孔或缝隙前后的压力降。

　　② 降低泵的吸油高度，适当加大吸油管内径，限制吸油管的流速，尽量减少吸油管路中的压力损失（如及时清洗过滤器或更换滤芯等）。对于自吸能力差的泵需用辅助泵供油。

1.4.5　液压油的性质

（1）液体的密度

液体的密度即单位体积液体的质量，单位为 kg/m^3，表达式为：

$$\rho = \frac{m}{v} \qquad\qquad (5\text{-}12)$$

液体密度随着温度或压力的变化而变化，但变化不大，通常忽略。

（2）液体的黏性

液体在外力作用下流动时，由于液体分子间的内聚力和液体分子与壁面间的附着力，导致液体分子间相对运动而产生的内摩擦力，这种特性称为黏性（也称为流动液体流层之间产生内部摩擦阻力的性质）。黏性大小用黏度 μ 来衡量。

黏度 μ 随压强 p 的增大而增大，压力较小时可忽略，$p > 32\ MPa$ 以上才考虑。

随着温度的升高，内聚力降低，液体黏度降低，黏度随温度变化的关系叫黏温特性，黏度随温度的变化较小，即黏温特性较好。

（3）液体的可压缩性

液压油的可压缩性是钢的 100～150 倍。可压缩性会降低运动的精度，增大压力损失而使油温上升。压力信号传递时，会有时间延迟、响应不良的现象。液压油虽具有可压缩性，但在中低压系统中压缩量很小，一般可忽略不计。只有在高压系统和液压系统的动态特性分析中才考虑液体的可压缩性。

（4）对液压油的要求及选用

液压油的任务有两个：一是作为工作介质，传递运动和动力；二是作为润滑剂，润滑运动部件。

　　a. 对液压油的要求

　　① 合适的黏度和良好的黏温特性。

　　② 良好的润滑性。

　　③ 纯净度好，杂质少。

　　④ 对系统所用金属及密封件材料有良好的相容性。

　　⑤ 对热、氧化水解都有良好稳定性，使用寿命长。

　　⑥ 抗泡沫性、抗乳化性和防锈性好，腐蚀性小。

　　⑦ 比热和传热系数大，体积膨胀系数小，闪点和燃点高，流动点和凝固点低（凝点：油液完全失去其流动性的最高温度）。

⑧ 对人体无害，对环境污染小，成本低，价格便宜。

b. 液压油的选择

液压油的类型：机械油、精密机床液压油、汽轮机油和变压器油。

首先根据工作条件（主要考虑工作压力）和元件类型选择油液品种，然后根据黏度选择牌号。通常情况下，慢速、高压、高温的工作条件，选择黏度大的液压油；快速、低压、低温的工作条件，选择黏度小的液压油。

任务 2 液压源装置认知

【任务引入】

液压剪板机是依靠动力驱动上刀片动作，相对于固定的下刀片做往复剪切运动，以此把金属板材剪断。对于液压剪板机来说，剪切动作是频繁的动作，且作用力很大。那么，这种动力来源于哪里？动力通过什么传递？

【任务分析】

液压剪板机的动力来源于液压动力元件——液压泵。对于液压动力元件，要求其结构简单、工作可靠、体积小、重量轻、自吸性好、对油液污染不敏感等，以保证剪板机液压系统动作可靠。要想得到干净的高压油液，需要对液压油进行储存回收、过滤等处理，再通过液压管道传递给液压系统的执行机构。

【相关知识】

2.1 液压泵的结构及工作原理

泵是输送液体或使液体增压的机械。它将原动机的机械能或其他外部能量传送给液体，使液体能量增加。

泵主要用来输送水、油、酸碱液、乳化液、悬乳液和液态金属等液体，也可输送液、气混合物及含悬浮固体物的液体。

泵通常可按工作原理分为容积式泵、动力式泵和其他类型泵三类。除按工作原理分类外，还可按其他方法分类和命名。例如：按驱动方法可分为电动泵和水轮泵等；按结构可分为单级泵和多级泵；按用途可分为锅炉给水泵和计量泵等；按输送液体的性质可分为水泵、油泵和泥浆泵等。

2.1.1 齿轮泵的结构及工作原理

齿轮泵是一种常用液压泵，其主要特点是结构简单、制造方便、价格低廉、体积小、重量轻、自吸性能好、对油液污染不敏感、工作可靠；其主要缺点是流量和压力的脉动大、噪声大、排量不可调。

外啮合齿轮泵的工作原理如图 5-8 所示。其主要结构由泵体、一对啮合的齿轮、泵轴和前后泵盖组成。外啮合齿轮泵的最基本形式就是两个尺寸相同的齿轮在一个紧密配合的壳体内相互啮合旋转，这个壳体的内部类似"8"字形，两个齿轮装在里面，齿轮的外径及两侧与壳体紧密配合。

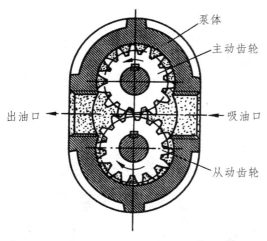

图 5-8　外啮合齿轮泵的工作原理及实物图

当泵的主动齿轮按图示箭头方向旋转时，齿轮泵右侧（吸油腔）齿轮脱开啮合，使密封容积增大，形成局部真空，油箱中的油液在外界大气压的作用下，经吸油管路、吸油腔进入齿间。随着齿轮的旋转，吸入齿间的油液被带到另一侧，进入压油腔，这时轮齿进入啮合，使密封容积逐渐减小，齿轮间部分的油液被挤出，形成了齿轮泵的压油过程。齿轮啮合时，齿向接触线把吸油腔和压油腔分开，起配油作用。

为了防止压力油从泵体和泵盖间泄露到泵外，并减小压紧螺钉的拉力，在泵体两侧的端面上开有油封卸荷槽，使渗入泵体和泵盖间的压力油引入吸油腔。处于泵盖和从动轴上的小孔，其作用是将泄露到轴承端部的压力油也引入到泵的吸油腔中，防止油液外溢，同时也润滑了滚针轴承。

2.1.2　叶片泵的结构及工作原理

叶片泵的结构较齿轮泵复杂，但其工作压力较高，且流量脉动小，工作平稳，噪声较小，寿命较长，所以被广泛应用于专业机床、自动线等中低压液压系统中。叶片泵分单作用叶片泵（变量泵，最大工作压力为 7.0 MPa）和双作用叶片泵（定量泵，最大工作压力为 7.0 MPa）。

（1）单作用叶片泵

如图 5-9 所示，定子具有圆柱形内表面，定子和转子间有偏心距 e，叶片装在转子槽中，并可在槽内滑动，当转子回转时，由于离心力的作用，使叶片紧靠在定子内壁，这样在定子、转子、叶片和两侧配油盘间就形成若干个密封的工作区间，当转子按图示的方向回转时，在图的右部，叶片逐渐伸出，叶片间的工作空间逐渐增大，从吸油口吸油，这就是吸油腔。在图的左部，叶片被定子内壁逐渐压进槽内，工作空间逐渐减小，将油液从压油口压出，这就是压油腔。在吸油腔和压油腔间有一段封油区，把吸油腔和压油腔隔开，叶片泵转子每转一周，每个工作空间完成一次吸油和压油，故称单作用叶片泵。

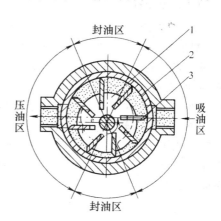

图 5-9　单作用叶片泵

1—转子；2—定子；3—叶片

（2）双作用叶片泵

　　双作用叶片泵的工作原理如图 5-10 所示，它是由转子 2、定子 3、叶片 4 和配油盘等组成。转子和定子中心重合，定子内表面近似为椭圆柱形，该椭圆形由两段长半径圆弧、两段短半径圆弧和四段过渡曲线所组成。当转子转动时，叶片在离心力和（建压后）根部压力油的作用下，在转子槽内向外移动而压向定子内表面，由叶片、定子的内表面、转子的外表面和两侧配油盘间就形成若干个密封空间，当转子按图示方向顺时针旋转时，处在小圆弧上的密封空间经过渡曲线而运动到大圆弧的过程中，叶片外伸，密封空间的容积增大，要吸入油液；再从大圆弧经过渡曲线运动到小圆弧的过程中，叶片被定于内壁逐渐压入槽内，密封空间容积变小，将油液从压油口压出。因而，转子每转一周，每个工作空间要完成两次吸油和压油，称之为双作用叶片泵。这种叶片泵由于有两个吸油腔和两个压油腔，并且各自的中心夹角是对称的，作用在转子上的油液压力相互平衡，因此双作用叶片泵又称为卸荷式叶片泵，为了要使径向力完全平衡，密封空间数（即叶片数）应当是双数。

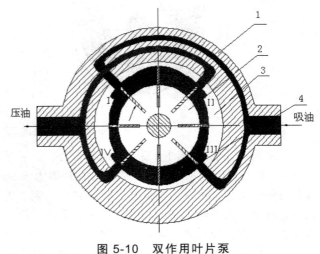

图 5-10　双作用叶片泵
1—壳体；2—转子；3—定子；4—叶片

2.1.3　柱塞泵的结构及工作原理

　　柱塞泵是依靠柱塞在缸体中往复运动，使密封工作容腔的容积发生变化来实现吸油、压油。柱塞泵具有额定压力高、结构紧凑、效率高和流量调节方便等优点，被广泛应用于高压、大流量和流量需要调节的场合，诸如液压机、工程机械和船舶中。

　　柱塞泵按柱塞的排列和运动方向不同，可分为径向柱塞泵和轴向柱塞泵。

（1）径向柱塞泵

　　径向柱塞泵的工作原理如图 5-11 所示。径向柱塞泵主要由柱塞 1、缸体 2、衬套 3、定子 4、配油轴 5、出入轴及轴承等组成。柱塞 1 径向排列装在缸体 2 中，缸体由原动机带动连同柱塞一起旋转，所以缸体 2 一般称为转子，柱塞 1 在离心力的（或在低压油）作用下抵紧定子 4 的内壁，当转子按图示方向回转时，由于定子和转子之间有偏心距 e，柱塞绕经上半周时向外伸出，柱塞底部的容积逐渐增大，形成部分真空，因此便经过衬套 3（衬套 3 被压紧在转子内，并和转子一起回转）上的油孔从配油轴 5 和吸油口 b 吸油；当柱塞转到下半周时，在定子内壁作用下，柱塞缩回，柱塞底部的容积逐渐减小，油液挤压，向配油轴的压油口 c 压油，当转子回转一周时，每个柱塞底部的密封容积完成一次吸、压油，转子连续运转，即完成吸、压油工作。

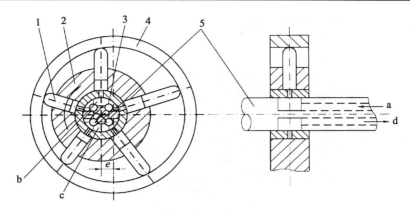

图 5-11　径向柱塞泵的工作原理

1—柱塞；2—缸体；3—衬套；4—定子；5—配油轴

（2）轴向柱塞泵

轴向柱塞泵是将多个柱塞配置在一个共同缸体的圆周上，并使柱塞中心线和缸体中心线平行的一种泵。轴向柱塞泵有两种形式，直轴式（斜盘式）和斜轴式（摆缸式），如图 5-12 所示为直轴式轴向柱塞泵的工作原理。这种泵主体由缸体 1、配油盘 2、柱塞 3 和斜盘 4 组成。柱塞沿圆周均匀分布在缸体内。斜盘轴线与缸体轴线倾斜一角度，柱塞靠机械装置或在低压油作用下压紧在斜盘上（图中为弹簧），配油盘 2 和斜盘 4 固定不转，当原动机通过传动轴使缸体转动时，由于斜盘的作用，迫使柱塞在缸体内做往复运动，并通过配油盘的配油窗口进行吸油和压油。如图 5-12 中所示回转方向，当缸体转角在 π～2π 范围内，柱塞向外伸出，柱塞底部缸孔的密封工作容积增大，通过配油盘的吸油窗口吸油；在 0～π 范围内，柱塞被斜盘推入缸体，使缸孔容积减小，通过配油盘的压油窗口压油。缸体每转一周，每个柱塞各完成吸、压油一次，如改变斜盘倾角，就能改变柱塞行程的长度，即改变液压泵的排量，改变斜盘倾角方向，就能改变吸油和压油的方向，即成为双向变量泵。

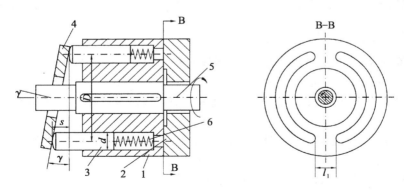

图 5-12　直轴式轴向柱塞泵的工作原理

1—缸体；2—配油盘；3—柱塞；4—斜盘；5—传动轴；6—弹簧

斜轴式轴向柱塞泵的缸体轴线相对传动轴轴线成一倾角，传动轴端部用万向铰链、连杆与缸体中的每个柱塞相联结，如图 5-13 所示。当传动轴转动时，通过万向铰链、连杆使柱塞和缸体一起转动，并迫使柱塞在缸体中做往复运动，借助配油盘进行吸油和压油。这类泵的优点是变量范围大、泵的强度较高，但和上述直轴式相比，其结构较复杂，外形尺寸和重量均较大。

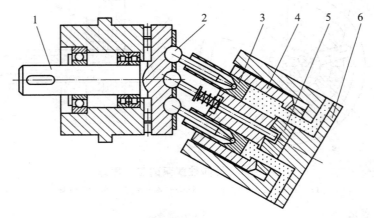

图 5-13　斜轴式轴向柱塞泵的工作原理

1—传动轴；2—连杆机构；3—柱塞；4—缸体；5—配流盘；6—泵体

轴向柱塞泵的优点是：结构紧凑、径向尺寸小，惯性小，容积效率高，目前最高压力可达 40.0 MPa，甚至更高。它一般用于工程机械、压力机等高压系统中，但其轴向尺寸较大，轴向作用力也较大，结构比较复杂。

2.2　液压泵的噪声

噪声对人们的健康十分有害，随着工业生产的发展，工业噪声对人们的影响越来越严重，已引起人们的关注。目前液压技术向着高压、大流量和高功率的方向发展，产生的噪声也随之增加，而在液压系统的噪声中，液压泵的噪声占有很大的比重。因此，研究减小液压系统的噪声，特别是液压泵的噪声，已引起液压界广大工程技术人员、专家学者的重视。

液压泵的噪声大小和液压泵的种类、结构、大小、转速以及工作压力等很多因素有关。

2.2.1　产生噪声的原因

① 泵的流量脉动和压力脉动，造成泵构件的振动。这种振动有时还可产生谐振。谐振频率可以是流量脉动频率的 2 倍、3 倍或更大，泵的基本频率及其谐振频率若和机械的或液压的自然频率相一致，则噪声便大大增加。研究结果表明，转速增加对噪声的影响一般比压力增加还要大。

② 泵的工作腔从吸油腔突然和压油腔相通，或从压油腔突然和吸油腔相通时，产生的油液流量和压力突变，对噪声的影响甚大。

③ 空穴现象。当泵吸油腔中的压力小于油液所在温度下的空气分离压时，溶解在油液中的空气要析出而变成气泡，这种带有气泡的油液进入高压腔时，气泡被击破，形成局部的高频压力冲击，从而引起噪声。

④ 泵内通道截面突然扩大和收缩、急拐弯，通道截面过小而导致液体紊流、旋涡及喷流，使噪声加大。

⑤ 由于机械原因，如转动部分不平衡、轴承不良、泵轴的弯曲等机械振动引起的机械噪声。

2.2.2　降低噪声的措施

① 消除液压泵内部油液压力的急剧变化。

② 为吸收液压泵流量及压力脉动，可在液压泵的出口设置消音器。

③ 装在油箱上的泵应使用橡胶垫减振。

④ 压油管的一段用橡胶软管，对泵和管路的连接进行隔振。

⑤ 防止泵产生空穴现象，可采用直径较大的吸油管，减小管道局部阻力；采用大容量的吸油滤油器，防止油液中混入空气，合理设计液压泵，提高零件刚度。

2.3　液压泵的选用

液压泵是液压系统提供一定流量和压力的油液动力元件，它是每个液压系统不可缺少的核心元件，合理地选择液压泵对于降低液压系统的能耗、提高系统的效率、降低噪声、改善工作性能和保证系统的可靠工作都十分重要。

选择液压泵的原则是：根据主机工况、功率大小和系统对工作性能的要求，首先确定液压泵的类型，然后按系统所要求的压力、流量大小确定其规格型号。

表 5-2 列出了液压系统中常用液压泵的主要性能。

表 5-2　液压系统中常用液压泵的性能比较

性能	外啮合齿轮泵	双作用叶片泵	径向柱塞泵	轴向柱塞泵
输出压力	低压	中压	高压	高压
流量调节	不能	不能	能	能
效率	低	较高	高	高
输出流量脉动	很大	很小	一般	一般
自吸特性	好	较差	差	差
对油的污染敏感性	不敏感	较敏感	很敏感	很敏感
噪声	大	小	大	大

一般来说，由于各类液压泵各自突出的特点，其结构、功用和动转方式各不相同，因此应根据不同的使用场合选择合适的液压泵。一般在机床液压系统中，往往选用双作用叶片泵；而在筑路机械、港口机械以及小型工程机械中往往选择抗污染能力较强的齿轮泵；在负载大、功率大的场合往往选择柱塞泵。

2.4　液压泵的常见故障及排除措施

液压泵是液压传动系统的心脏，它一旦发生故障就会立即影响系统的正常工作，工作中造成液压泵出现故障的原因是多种多样的，现总结于表 5-3 中。

表 5-3　液压泵的常见故障及排除方法

故障现象	产生原因	排除方法
噪声及压力脉动较大	1. 液压泵吸油侧吸油管道密封不良，有空气吸入 2. 吸油管及滤油器堵塞或阻力太大造成液压泵吸油不足 3. 吸油管外露或伸入油箱较浅，或吸油高度过大（≥500 mm） 4. 泵与电动机轴不同心或松动	1. 拧紧接头，或更换密封件 2. 检查滤油器的容量及堵塞情况，及时处理 3. 吸油管应伸入油面以下的2/3，防止吸油管口露出液面，吸油高度应不大于500 mm 4. 按技术要求进行调整，检查直线性，保持同轴度在0.1 mm内
温度升高	1. 液压泵磨损严重，间隙过大，泄漏增大 2. 液压黏度不当（过大或过小） 3. 液压污染变质，吸油阻力过大 4. 液压泵连续吸气，特别是高压泵，由于气体在泵内受热压缩，产生高温，表现为液压泵温度瞬间急剧升高	1. 修磨磨损件，使其达到合适的间隙 2. 改用黏度合适的油液 3. 更换新油 4. 停车检查液压泵进气部位，及时处理
液压泵旋转不灵活或卡死	1. 轴向间隙或径向间隙过小 2. 油液中杂质吸入泵内卡死	1. 修复或更换泵的零件 2. 加强滤油，或更换新油

表 5-4　叶片泵的常见故障及排除方法

故障现象	产生原因	消除方法
噪声严重，伴有振动	1. 液压泵吸油困难 2. 泵盖螺钉松动或轴承损坏 3. 定子曲面有伤痕，叶片与之接触时，发生跳动撞机噪声 4. 油箱油面过低，液压泵吸油侧及吸油管道和液压泵主轴油封密封不良，有空气进入 5. 电动机转速过高 6. 联轴器的同心度较差或安装不牢固，导致机械噪声	1. 检查清洗滤油器，并检查油液黏度，及时换油 2. 检查紧固，更换已损零件 3. 休整抛光定子曲面 4. 检查有关密封部位是否泄漏，并加以严封，保证有足够油液和吸油通畅 5. 更换电动机，降低转速 6. 检查调整同心度，并加强紧固
泵不吸油或无压力（执行机构不动）	1. 电动机转向有错 2. 油箱中油面过低，吸油有困难 3. 油液黏性过大。叶片滑动阻力较大、移动不灵活 4. 泵内有沙眼，高、低压腔串通 5. 液压泵严重进气，根本吸不上来油 6. 组装泵盖螺钉松动，致使高、低压腔互通 7. 叶片与槽的配合过紧 8. 配流盘刚度不够，盘与泵体接触不良	1. 重新接线，改变旋转方向 2. 检查油箱中油面的高度（观察油表指示） 3. 更换黏度较小的油液 4. 更换泵体（出厂前未暴露） 5. 检查液压泵吸油区段的有关密封部位，并严加密封 6. 紧固 7. 修磨叶片或槽，保证叶片移动灵活 8. 更换或修整接触面
排油量及压力不足（表现为液压缸的动作迟缓）	1. 有关连接部位密封不严，空气进入泵内 2. 定子内曲面与叶片接触不良 3. 配流盘磨损较大 4. 叶片与槽配合间隙过大 5. 吸油有阻力 6. 叶片移动不灵活 7. 系统泄漏大 8. 泵盖螺钉松动，液压泵轴间隙增大而内泄	1. 检查各连接处及吸油口是否有漏油，紧固或更换密封 2. 进行修磨 3. 修复或更换 4. 单片进行选配，保证达到设计要求 5. 拆洗滤油器，清除杂物使吸油通畅 6. 对不灵活的叶片，应单槽研配 7. 对系统进行顺序检查 8. 适当拧紧

表 5-5　柱塞泵的常见故障及消除方法

故障现象	产生原因	消除方法
排油量不足，执行机构动作迟缓	1. 吸油管及滤油器阻塞或阻力太大 2. 油箱中油面过低 3. 柱塞与缸孔或配流盘与缸体之间磨损 4. 柱塞回程不够或不能回程，引起缸体与配流盘间失去密封，系中心弹簧断裂所致 5. 变量机构失灵，达不到工作要求	1. 清洗滤油器，消除阻塞 2. 检查油量，适当加油 3. 更换柱塞，修磨配流盘与缸体的接触面。保证接触良好 4. 检查中心弹簧，加以更换 5. 检查变量机构，看变量活塞及变量头是否灵活，并纠正其调整误差
压力不足或压力脉动较大	1. 吸油口阻塞或通道较小 2. 油温较高，油液黏度减小，泄漏增大 3. 缸体与配流盘之间磨损，柱塞与缸体之间磨损，内泄过大 4. 中心弹簧疲劳，内泄增大	1. 清除阻塞，加大通流截面 2. 控制油温，更换黏度较大的油液 3. 修磨缸体与配流盘的接触面，更换柱塞，严重者应送厂返修 4. 更换中心弹簧
噪声过大	1. 泵内有空气 2. 轴承装配不当，或者单边磨损、损伤 3. 滤油器被阻塞，吸油困难 4. 油液不干净 5. 油液黏度过大，吸油阻力大 6. 油箱中的油面过低或液压泵吸气导致噪声 7. 泵与电动机装配不同心，使泵增加了径向载荷 8. 管路振动 9. 柱塞与靴球头连接严重松动或脱落	1. 排除空气，检查可能进入空气的部位 2. 检查轴承损坏情况，及时更换 3. 清洗滤油器 4. 抽样检查，更换干净的油液 5. 更换黏度较小的油液 6. 按油标高度注油，并检查密封 7. 重新调，使其在允许范围内 8. 采取隔离消振措施 9. 检查修理或更换组件
外部泄漏	1. 传动轴上的密封损坏 2. 各结合面及管头的螺栓及螺母未拧紧，密封损坏	1. 更换密封圈 2. 紧固并检查密封性，以便更换密封
减压泵发热	1. 内部漏损较大 2. 液压泵吸气严重 3. 有关相对运动的配合接触面有磨损，如缸体与配流盘、滑靴与斜盘 4. 油液黏度过大，油箱容量过小或转速过高	1. 检查和研修有关密封配合面 2. 检查有关密封部位，严加密封 3. 修整或更换磨损件，如配流盘、滑靴等 4. 更换油量，增大油箱或增设冷却装置，或降低转速
泵不能转动（卡死）	1. 柱塞与缸孔卡死，系油脏或油温变化或高温黏连所致 2. 滑靴脱落，系柱塞卡死拉脱或有负载启动拉脱 3. 柱塞球头折断，系柱塞卡死或有负载启动扭断	1. 油脏换油，油温太低时更换黏度小的油，或用刮油刀刮去黏连金属，研配 2. 更换或重新装配滑靴 3. 更换

2.5　液压系统中的辅助元件

　　液压系统中的辅助元件包括：蓄能器、过滤器、油箱、热交换器、油管、密封件等，这些元件结构简单，但对于液压系统的工作性能、噪声、温升、可靠性等都有直接的影响。如滤油器功能就是过滤油液中的杂质，根据统计，液压系统的故障有 75% 以上是由于油液不洁净造成的，正确使用和维护滤油器，就可以减少液压系统的故障发生，保证液压系统正常工作。

2.5.1　蓄能器

蓄能器是液压气动系统中的一种能量储蓄装置。它在适当的时机将系统中的能量转变为压缩能或位能储存起来，当系统需要时，又将压缩能或位能转变为液压或气压等能量而释放出来，重新补供给系统。当系统瞬间压力增大时，它可以吸收这部分的能量，以保证整个系统压力正常与平稳。

（1）蓄能器的分类

蓄能器按加载方式可分为弹簧式、重锤式和气体式。

a. 弹簧式蓄能器

它依靠压缩弹簧把液压系统中的过剩压力能转化为弹簧势能存储起来，需要时释放出去。其结构简单，成本较低，见图 5-14。但是因为弹簧伸缩量有限，而且弹簧的伸缩对压力变化不敏感，消振功能差，所以只适合小容量、低压系统（$p \leqslant 1.0 \sim 1.2$ MPa），或者用作缓冲装置。

b. 重锤式蓄能器

它通过提升加载在密封活塞上的质量块把液压系统中的压力能转化为重力势能积蓄起来。其结构简单、压力稳定，见图 5-15。缺点是安装局限性大，只能垂直安装，不易密封；质量块惯性大，不灵敏。这类蓄能器仅供暂存能量用。

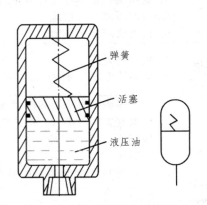

图 5-14　弹簧式蓄能器的结构及符号

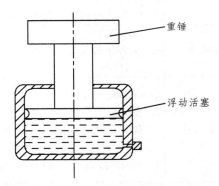

图 5-15　重锤式蓄能器的结构
1—重锤；2—浮动活塞

c. 气体式蓄能器

它以理想气体状态方程为基础，通过压缩气体完成能量转化，使用时首先向蓄能器充入预定压力的气体。当系统压力超过蓄能器内部压力时，油液压缩气体，将油液中的压力转化为气体内能；当系统压力低于蓄能器内部压力时，蓄能器中的油在高压气体的作用下流向外部系统，释放能量。选择适当的充气压力是这种蓄能器的关键。这类蓄能器按结构可分为活塞式、隔膜式、气囊式等，见图 5-16。

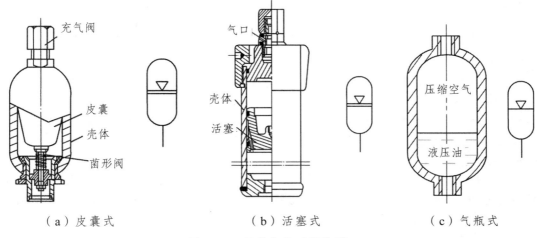

（a）皮囊式 　　　　　（b）活塞式 　　　　　（c）气瓶式

图 5-16　几种气体式蓄能器

（2）蓄能器的功能

蓄能器是液压系统中储存油液压力能的装置，它的主要功能如下：

a. 作辅助动力源

在某些实现周期性动作的液压系统中，其动作循环的不同阶段所需的流量变化很大时，可采用蓄能器。在系统不需要大量油液时，把液压泵输出的多余压力油储蓄在蓄能器内；而当系统需要大量油液时，蓄能器可以快速释放所储蓄的油液，和液压泵一起向系统输油。这样就可以使系统选用流量等于循环周期内平均流量的较小液压泵，没必要按最大流量泵来选择液压泵。

b. 保持恒压

在某些需较长时间内保压的液压系统中，为了节能，液压泵停止运转或进行卸荷。

c. 作紧急动力源

当驱动液压泵的电动机发生故障时，蓄能器可以作为应急动力源，向系统供油。蓄能器可把液压油供给系统，补偿泄露，以维持系统的压力恒定。

d. 吸收液压冲击

在液压泵突然启停、液压阀突然开闭、液压缸突然运动或停止时，系统会产生液压冲击。把蓄能器装在发生液压冲击的地方，可有效地减少液压冲击的峰值。在液压泵出口处安装蓄能器，可吸收液压泵的压力脉动，从而提高系统的平稳性。

（3）蓄能器的安装

① 气囊式蓄能器应垂直安装，油口向下。

② 用作降低噪声、吸收脉动和冲击的蓄能器，应尽可能靠近振源。

③ 蓄能器与管路之间应安装截止阀，以便充气检修；蓄能器与泵之间应安装单向阀，防止泵停车或卸载时，蓄能器的压力油倒流回泵。

④ 安装在管路上的蓄能器必须用支架或支板将蓄能器固定。

⑤ 蓄能器必须安装于便于检查、维修的位置，并远离热源。

⑥ 搬运和拆装时应排出压缩气体。

2.5.2　过滤器

过滤器能滤去油中杂质，维护油液清洁，防止油液污染，保证系统正常工作。

（1）过滤器的分类

按滤芯材料和结构形式，可分为网式、线隙式、纸芯式、烧结式和磁性过滤器等。

a. 网式过滤器

网式过滤器是用金属网包在支架上而成，见图5-17。它一般装在系统中泵入口处做粗滤，过滤精度为80～180 μm。其结构简单，清洗方便，通流能力大，压降小，但过滤精度低。

b. 线隙式过滤器

线隙式过滤器是利用特形金属线缠绕在筒形芯架上，制成滤芯，利用线间间隙过滤杂质，过滤精度为30～100 μm。其结构简单，过滤精度较高，通流能力大，但不易清洗，一般用于低压回路或辅助回路。

c. 金属烧结式过滤器

它由颗粒状锡青铜粉末压制后烧结而成，见图5-18，利用颗粒之间的微小间隙过滤。其性能特点是：强度高，抗冲击性能好，抗腐蚀性好，耐高温，过滤精度高，制造简单；但易堵塞，难清洗，颗粒会脱落，一般用于精密过滤。

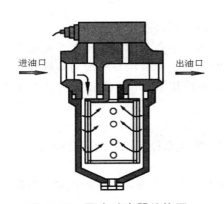

图 5-17　网式过滤器结构图

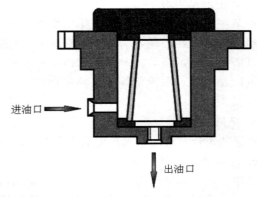

图 5-18　金属烧结式过滤器结构图

d. 纸质过滤器

它是用微孔过滤纸折叠成星状绕在骨架上形成，利用滤纸的微孔过滤。其性能特点是：结构紧凑，重量轻，过滤精度高；但通流能力小，强度低，易堵塞，无法清洗，需经常更换滤芯，特别适用于精滤。又因为滤芯能承受的压力差较小，为了保证过滤器正常工作，不致因污染物逐渐聚积在滤芯引起压差增大而压破纸芯，过滤器顶部通常装有污染指示器。

e. 磁性过滤器

它是利用磁铁吸附油液中的铁质微粒。

f. 复式过滤器

它是由磁环与其他几种过滤器组合而成，见图5-19。其性能特点是：性能较以上过滤器更为完善，既可

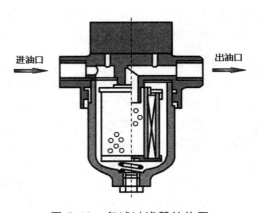

图 5-19　复试过滤器结构图

以过滤铁质微粒，又可以过滤普通杂质。

（2）过滤器的选用

① 有足够的过滤能力。

② 能承受一定的工作压力。

③ 有足够的过滤精度。

④ 过滤器滤芯应易于清洗和更换。

⑤ 在一定的温度下，过滤器应有足够的耐久性。

（3）过滤器的安装位置

① 安装在吸油管路上，防止杂质进入液压泵，用于保护液压泵。

② 安装在泵的压油管路上，保护除泵和溢流阀以外的所有元件，要有足够的强度，且应并联一安全阀。

③ 安装在回油管路上。

④ 安装在系统的分支（旁油路）油管路上。

⑤ 单独过滤系统。

注意：一般过滤器只能单方向使用，即进、出油口不可反接，以利于滤芯清洗和安全。必要时可增设单向阀和过滤器，以保证双向过滤。目前已推出双向过滤器。

2.5.3 油 箱

（1）油箱的功用

① 储存系统所需的足够的油液。

② 散发油液中的热量。

③ 分离油箱中的气体及沉淀物。

④ 为系统中元件的安装提供位置。

油箱中的油液必须是符合液压系统清洁度要求的油液，因此，对油箱的设计、制造、使用和维护等方面提出了更高的要求。

（2）油箱设计时应注意的问题

① 箱壁在保证强度和刚度的情况下要尽量薄，以利于散热，通常油箱用 2.5～5 mm 钢板焊接而成，箱盖、箱底可适当加厚，箱底有适当的倾斜，并设有放油孔。

② 吸油管和回油管的安装距离应尽量远，并加隔板隔开，以利于冷却、杂质沉淀和释放气体。

③ 吸油管端应设有过滤器，过滤能力应为油泵流量的 2 倍。吸油管、回油管距箱底要大于 2 倍内径，距箱壁要大于 3 倍内径，且管端成 45° 坡口，面对箱壁。

④ 箱盖上设有加油孔、通气孔和安放温度计的孔。

⑤ 根据需要可在油箱的适当部位安装冷却器和加热器。

2.5.4 热交换器

系统能量损失转换为热量以后，会使油液温度升高。若长时间油温过高，会使油液黏度下降，泄露增加，密封老化，油液氧化，从而严重影响系统正常工作。为了保证正常工作温度在

20～65 ℃，需要在系统中安装冷却器。相反，若油温过低，会使油液黏度过大，设备启动困难，压力损失加大并引起过大振动，此种情况下系统应安装加热器。

热交换器是冷却器和加热器的总称。

（1）冷却器

冷却器按冷却介质可分为水冷式、风冷式及冷媒式三类。要求有足够的散热面积，散热效率高，压力损失小。

图 5-20 所示为蛇形管冷却器示意图，水从蛇形管中流过，把油箱中油液的热量带走，起到了冷却效果。

另外还有其他形式的冷却器：

翅片管式冷却器是在冷却水管的外表面加上了许多横向或纵向的散热翅片，大大地扩大了散热面积和增强了热交换效果。散热面积为光管的 8～10 倍，用椭圆管则更好。

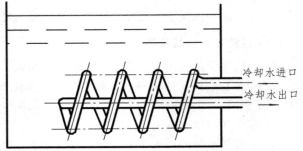

冷却水进口
冷却水出口

图 5-20　蛇形管冷却器示意图

翅片式风冷却器的结构紧凑、强度高、体积小、效果好。若采用风扇鼓风，则效果更好。

对于要求较高的装置，可采用冷媒式冷却器。它是利用冷媒介质在压缩机中绝热压缩后进入散热器放热、蒸发器吸热的原理，带走油中的热量而使油冷却。这种冷却器冷却效果好，但价格昂贵。

冷却器一般安装在回油路和低压管路上。

（2）加热器

可用热水加热或蒸汽加热，也可用电加热。电加热结构简单、使用方便，能按需要自动调节温度，因而得到广泛应用。图 5-21 所示为电加热器的示意图，电加热器用法兰盘固定在油箱壁上，发热部分全部浸在油液内，因安装在油液流动处，以利于热量的交换，同时单个加热器功率不能太大，一般不超过 3 W/cm²，以免油液局部过度受热而变质。当油液没有完全包围加热器时，或没有足够的油液进行循环时，加热器不能工作，为此在电路上应设置联锁保护装置。

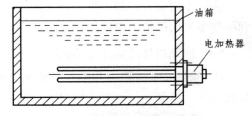

油箱

电加热器

图 5-21　电加热器示意图

2.5.5　管　件

管件是用来连接液压元件、输送液压油液的连接件，包括油管和管接头。它应保证有足够的强度，没有泄露，密封性好，压力损失小，拆装方便。

（1）油管

油管分为硬管和软管，硬管包括：钢管、紫铜管。软管包括：尼龙管、塑料管、橡胶软管。在实际选用时，我们要根据液压装置工作条件和压力大小来选择油管。

（2）管接头

管接头是油管与液压元件、油管与油管之间可拆卸的连接件。应满足强度足够、拆装方便、连接牢固、密封性好、外形尺寸小、压力损失小、工艺性好的要求。其种类很多，下面介绍液压系统中常用的几种管接头：

① 焊接式管接头，见图 5-22。

② 卡套式管接头，见图 5-23。

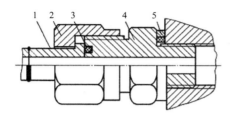
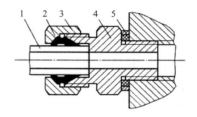

图 5-22　焊接式管接头

1—接管；2—螺母；3—O 形密封圈；
4—接头体；5—组合垫圈

图 5-23　卡套式管接头

1—油管；2—卡套；3—螺母；
4—接头体；5—组合垫圈

③ 扩口式管接头，见图 5-24。

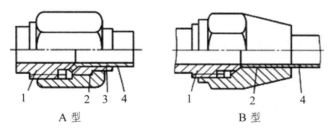

A 型　　　　　　　　　　　B 型

图 5-24　扩口式管接头

1—接头体；2—螺母；3—管套；4—油管

④ 扣压式管接头，见图 5-25。

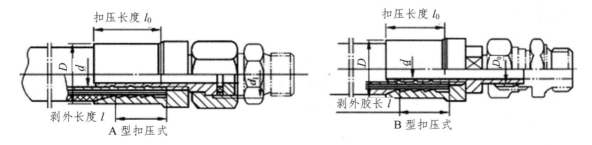

A 型扣压式　　　　　　　　　B 型扣压式

图 5-25　扣压式胶管总成

⑤ 快速管接头，见图 5-26。

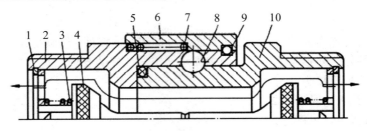

图 5-26　两端开闭式快速管接头

1—挡圈；2，10—接头体；3—弹簧；4—单向阀阀芯；5—O 形圈；
6—外套；7—弹簧；8—钢球；9—弹簧圈

2.5.6　密封件

在液压与气压传动系统及其元件中，安置密封装置和密封元件的作用在于防止工作介质的泄露及外界尘埃和异物的侵入。设置于密封装置中、起密封作用的元件称为密封件。

液压与气压传动的工作介质，在系统及元件的容腔内流动或暂存时，由于压力、间隙、黏度等因素的变化，而导致少量工作介质越过容腔边界，由高压腔向低压腔或外界流出，这种"越界流出"的现象称为泄露。泄露分为内泄漏和外泄露两类。内泄漏指在系统或元件内部工作介质由高压腔向低压腔的泄露；外泄露则是由系统或元件内部向外界的泄露。

外泄露会造成工作介质的浪费，污染机器和环境，甚至引起机械操作失灵及设备人身事故。内泄露会引起液压系统容积效率急剧下降，达不到所需要的工作压力，甚至不能进行工作。侵入系统中的微小灰尘颗粒会引起或加剧液压元件摩擦副的磨损，进一步导致泄漏。

因此，密封件和密封装置是液压设备的一个重要组成部分。它工作的可靠性和使用寿命是衡量液压系统好坏的一个重要指标。

密封件的结构种类很多，我们在本书项目一中有所介绍，这里不再详细说明。

任务 3　液压执行机构认知

【任务引入】

液压剪板机的上刀片上下往复运动，是在什么执行机构带动下把不同厚度的金属板材裁剪成所需尺寸的板材？

【任务分析】

液压剪板机是通过液压缸带动上刀片上下运动。厚的金属板材需要较大的剪切力，薄一点的金属板材需要较小的剪切力，那么我们需要什么样的液压缸才能完成以上的动作，液压缸的缸径需要多大、行程是多少等，我们都需要知道。因此，我们需要了解液压缸的结构及工作原理及液压缸的选型。

【相关知识】

3.1　液压缸的作用

液压缸是将液压能转变为机械能的、做直线往复运动（或摆动运动）的液压执行元件。它结构简单、工作可靠。用它来实现往复运动时，可免去减速装置，并且没有传动间隙，运动平稳，因此在各种机械的液压系统中得到广泛应用。液压缸的输出力与活塞有效面积及其两边的压差成正比。液压缸一般由缸筒和缸盖、活塞和活塞杆、密封装置、缓冲装置与排气装置组成，其中缓冲装置与排气装置视具体应用场合而定，其他装置则必不可少。

3.2　液压缸的分类

液压缸的形式多种多样，分类方法也各不相同，按照运动形式可分为推力液压缸和摆动液压缸，在生产中应用最多的是推力液压缸，在推力液压缸中，根据液压力作用方式的不同，又有单作用和双作用之分，根据结构形式的不同，又有伸缩式、摆动式、活塞式、柱塞式、组合式之分；根据组合方式的不同，又有串联，增压和齿条活塞式之分。

3.2.1　伸缩式液压缸

伸缩式液压缸具有二级或多级活塞，见图 5-27。伸缩式液压缸中活塞伸出的顺序是从大到小，而空载缩回的顺序则一般是从小到大。

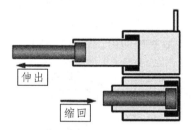

伸缩式液压缸的特点是：伸缩缸可实现较长的行程，而缩回时长度较短，结构较为紧凑。此种液压缸常用于工程机械和农业机械上。

图 5-27　伸缩式液压缸结构示意图

3.2.2　摆动式液压缸

摆动式液压缸输出转矩并实现往复摆动，也称为摆动式液压马达，见图 5-28。它通常有单叶片和双叶片两种型式。定子块固定在缸体上，而叶片和转子连接在一起。根据进油方向，叶片将带动转子做往复摆动。

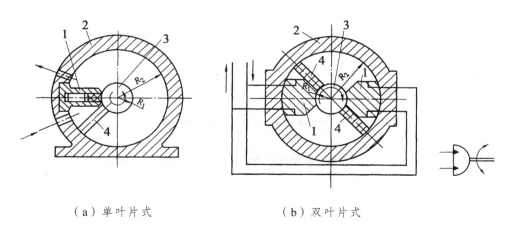

（a）单叶片式　　　　　　（b）双叶片式

图 5-28　摆动式液压缸的结构及符号

1—定子块；2—缸体；3—摆动轴；4—叶片

摆动式液压缸的特点是：摆动缸结构紧凑，输出转矩大，但密封困难，一般只用于低中压系统中做往复摆动、转位或间歇运动的工作场合。

3.2.3　活塞式液压缸

（1）双杆活塞式液压缸

双杆活塞式液压缸活塞的两侧都有杆伸出，见图 5-29。当两侧活塞杆直径相同、供油压力和流量不变时，活塞（或缸体）在两个方向上的运动速度和推力 F 都相等。

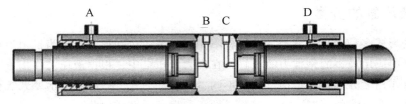

图 5-29　双活塞式液压缸

（2）单杆活塞式液压缸

单杆活塞式液压缸只有一端有活塞杆，见图 5-30。液压缸的一端有活塞杆伸出，在另一端没有活塞杆伸出，其两端进出口油口都可通压力油或回油，以实现双向运动，故称为双作用缸。

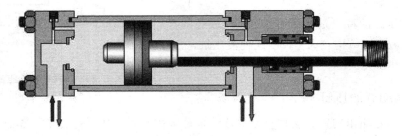

图 5-30　单活塞式液压缸

3.2.4　柱塞式液压缸

活塞缸的内孔精度要求很高，当行程较长时加工困难，这时应采用柱塞式液压缸。柱塞式液压缸只能制成单作用缸，回程由外力或自重实现，见图 5-31。

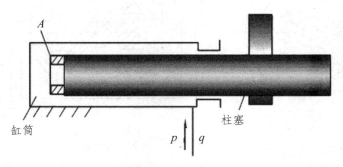

图 5-31　柱塞式液压缸的结构示意图

柱塞式液压缸的特点是：柱塞和缸筒内壁不接触，因此缸筒内孔不需精加工，工艺性好，成本低；另外，柱塞缸结构简单，制造方便，常用于长行程机床，如龙门刨、导轨磨、大型拉床等。

3.3　液压缸的常见故障及其排除方法

液压缸的常见故障及排除方法见表5-6。在排除故障方案中，当维修成本高于新购液压缸价格的50%时，建议更换新的液压缸。同时还需要考虑到维修液压缸与购买新液压缸所导致设备停机时造成的损失程度。

表 5-6　液压缸的常见故障及排除方法

故障现象	原因分析	排除方法
外泄漏液压油液	导向套中封活塞杆的密封圈老化	更换同种规格和材料的密封圈
	活塞杆的镀铬表面损伤造成	更换或修理活塞杆，并同时更换导向套中封活塞杆的密封圈和防尘圈
在液压油闭锁的状态下活塞杆的位置不能锁住	活塞上的密封圈老化	更换同种规格和材料的密封圈，注意在更换过程中小心不要损坏密封圈，在使用 Y 形密封圈的唇口向着液压油方向，耐磨环不要漏装
活塞杆有伸出无缩回	活塞与活塞杆连接部分损坏或松脱	将松脱或损坏的连接部分紧固或维修
活塞杆运动出现爬行	液压油中混入空气	检查液压泵的进油侧是否漏气、管道变形、泵轴油封损坏、液压泵进油、过滤网阻塞等
	导向套中活塞杆、活塞与缸筒等运动副间出现异物	清除异物，修复受损配合表面
活塞回缩不到位	活塞杆弯曲	更换活塞杆

任务4　液压控制元件认知

【任务引入】

液压剪板机可以对不同厚度的金属板材进行剪切，所产生的剪切力是不同的，那么剪切力的大小如何改变？通过什么液压器件进行改变？液压剪板机的动刀片可以相对静刀片上下移动，那么，采用什么液压器件控制动刀片的上下移动切换？我们又该采用什么液压器件来控制剪切速度？

【任务分析】

液压剪板机剪切力的大小可以通过选择大缸径的液压缸来增大剪切力，但缸径增大毕竟有限，剪切力增大受限制。在液压系统中，我们可以采用调压阀来调定液压大小，继而改变剪切力大小。采用液压换向阀来实现动刀片的上下移动切换。采用流量阀来控制剪切速度。这就要求我们必须熟知液压控制元件的工作原理及选用。

【相关知识】

4.1 流量控制阀

流量控制阀简称流量阀，主要用来调节通过阀口的流量，以满足对执行元件运动速度的要求。流量阀均以节流单元为基础，利用改变阀口通流截面积或通流通道长短来改变液阻，达到调节通过阀口流量的目的。常用的液压流量控制阀有节流阀、调速阀、行程减速阀、限速切断阀等。

液压系统中使用流量控制阀应满足如下要求：有足够的调节范围；能保证稳定的最小流量；温度和压力变化对流量的影响小；调节方便；泄露小等。

4.1.1 节流阀

节流阀是通过改变节流截面或节流长度以控制流体流量的阀门。节流口的大小可以进行调定，其结构参见图 2-11。节流阀没有流量负反馈功能，不能补偿由负载变化所造成的速度不稳定，一般仅用于负载变化不大或对速度稳定性要求不高的场合。

4.1.2 可调单向节流阀

可调单向节流阀由可调节流阀和单向阀组成。在图 5-32 所示的单向阀关闭方向（从油口 A 到油口 B），工作油液通过可调节流阀流出，这会产生较大压力损失。

可调单向节流阀与溢流阀或变量泵一起使用，可以改变速度。随着可调节流阀进口压力升高，导致溢流阀开启，此时多余流量流回油箱。

沿相反方向（从油口 B 到油口 A），无节流作用，即工作油液可自由流过（单向阀功能）见图 5-33。

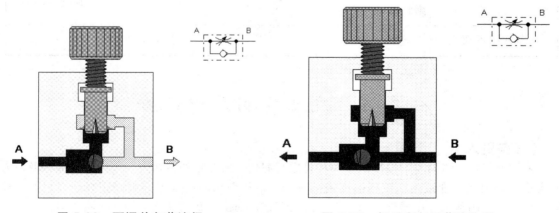

图 5-32 可调单向节流阀   图 5-33 相反方向无节流作用

4.2 液压压力控制阀

压力控制阀是用来控制和调节液压传动系统油液压力及利用压力实现控制的阀。按作用可分为溢流阀、减压阀、顺序阀和压力继电器等。其共同特点是利用油液压力和弹簧压力相平衡的原理来工作，调节弹簧压力即改变了所控制的油液压力。

4.2.1　溢流阀

溢流阀有很多种用途，但其基本作用主要有两种，一是当系统压力超过或等于溢流阀的调节压力时，系统的液体或气体通过阀口溢出一部分，保证系统压力恒定，用于调压；二是在系统中作安全阀用，在系统工作正常时，溢流阀处于关闭状态，只有在系统压力大于或等于其调定压力时才开启溢流，对系统起过载保护作用。溢流阀按其结构原理分为直动式（见图 5-34）和先导式（见图 5-35）两种。

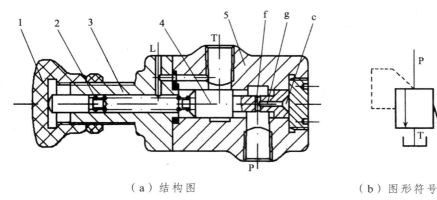

　（a）结构图　　　　　　　　　　　　　　　（b）图形符号

图 5-34　直动式溢流阀

1—调节螺母；2—调压弹簧；3—上盖；4—阀芯；5—阀体

f—径向孔；g—轴向阻尼孔；c—下腔

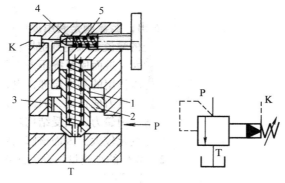

图 5-35　先导式溢流阀及符号

1—主阀弹簧；2—主阀芯；3—阻尼孔；4—先导阀芯；5—调压弹簧

溢流阀在液压传动系统中很重要，特别是定量泵系统，没有溢流阀几乎无法工作，其主要应用如下：

①　起溢流调压作用：一般旁接在定量泵的出口，通过溢流来调定系统压力，阀随压力波动而开启。

②　起安全保护作用：将溢流阀旁接在泵的出口，用来限制系统的最大压力值，避免引起过载事故，阀口为常闭。

③　作卸荷阀用：由先导式溢流阀配合二位二通阀使用，可使系统卸荷。

④　作背压阀用：将溢流阀串联在回油路上，产生背压，使执行元件运动平稳，多用直动式。

⑤ 作远控调压阀用：用直动式溢流阀连接先导式溢流阀的远程控制口，实行远程调压。

4.2.2　减压阀

在同一个液压系统中，往往用一个泵要向几个执行元件供油，而各执行元件所需的工作压力不尽相同。若某执行元件所需的工作压力较泵的供油压力低时，可在该分支油路中串联一个减压阀。油液流经减压阀后，压力降低，且使其出口处相接的某一回路的压力保持恒定。

（1）直动式减压阀

如图 5-36 所示为直动式减压阀。进口压力 p_1，经减压后变为 p_2，阀芯在原始位置时，进、出口畅通，阀处于常开状态。它的控制压力引自出口，当出口压力 p_3 增大到调定压力时，阀芯处于上升的临界状态，当 p_2 继续增大时，阀芯上移，阀口关小，液阻增大，压降增大使出口压力减小；反之，当出口压力 p_2 减小时，阀芯下移，阀口开大，液阻减小，压降减小。使出口压力回升。在上述过程中，若忽略摩擦力、阀芯重力和稳态液动力，则阀芯上只有下部的液动力（等于出口压力）和上部的弹簧力（约等于调定压力）相平衡，则可维持出口压力基本为调定压力。

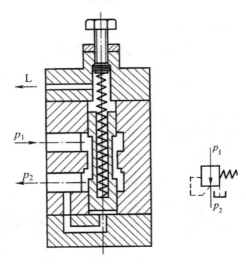

图 5-36　直动式减压阀及符号

（2）先导式减压阀

先导式减压阀是由先导阀和主阀组成的，先导阀用于减压，主阀用于主油路的减压。先导阀的供油方式有由主阀出口供油和进口供油两种结构形式。图 5-37 所示为先导阀由主阀出口供油的先导式减压阀。出口压力油经阀体 3 下部和下端盖 1 的流道进入主阀芯 2 的下腔，经阻尼孔 e 进入主阀芯上腔，再经阀盖 5 的流道及先导阀座 6 上的阻尼孔作用在先导阀芯 4 前端。进口压力 p_1 经减压口 f 减压后变为出口压力 p_2。当出口压力较低时，主阀上下的液压力相平衡，阀芯被弹簧力压至最下端，减压口全开，不起减压作用。当出口压力超过调定压力时，先导阀被打开，控制先导阀芯的压力油，经上述的流道、阻尼孔及阀盖上的泄油口 L 流回油箱。由于阻尼孔 e 的阻尼作用，使主阀芯上下两端产生压力差，主阀芯在压力差作用下，克服主阀芯弹簧阻力而上移，阀口减小，压降增大，使出口压力下降到调定值。

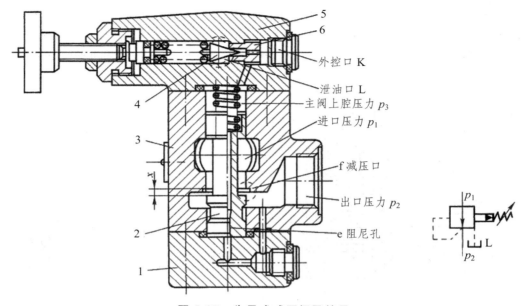

图 5-37　先导式减压阀及符号

若由于某种原因使进口压力增大的瞬时，主阀芯还没有来得及调节，则出口压力也随着增大，同样的道理，出口压力又下降到调定值。由此可以得出，先导减压阀不但可减压，而且还可以使出口压力维持在调定值基本不变。

4.2.3　顺序阀

（1）顺序阀的作用和要求

顺序阀是利用油路中压力的变化来控制阀口通断，以实现各工作部件依次顺序动作的液压元件，故名顺序阀。顺序阀按结构不同分为直动式和先导式两种，一般先导式用于压力较高的场合。当顺序阀利用外来液压力进行控制时，则称液控顺序阀。不论是直动式还是先导式，顺序阀都和对应的溢流阀原理相类似，其不同的是溢流阀的调压弹簧腔的泄漏油和出口油相连，而顺序阀则单独接回油箱。

顺序阀的工作原理、性能和外形与相应的溢流阀相似，要求也相似，但因作用不同，故有一些特殊要求如下。

① 为使执行元件的顺序动作准确无误，顺序阀的调压偏差要小，即尽量减小调压弹簧的刚度。

② 顺序阀相当于一个压力控制开关，因此要求阀在接通时压力损失小，关闭时密闭性能好。对于单向顺序阀（将顺序阀和单向阀的油路并联制造于一体），反向接通时压力损失也要小。

（2）顺序阀的工作原理

直动式顺序阀通常为滑阀结构。其工作原理与直动式溢流阀相似，均为进油口测压，但顺序阀为减小测压弹簧刚度，还设置了截面积比阀芯小的控制活塞。顺序阀与溢流阀的区别还有：其一，出口不是溢流口，因此出口不该接回油箱，而是与某一执行元件相连，弹簧控油口必须单独接回油箱；其二，顺序阀不是稳压阀，而是开关阀，它是一种利用压力的高低控制油路通断的"压控开关"。严格来说，顺序阀是一个二位二通液动换向阀。

如图 5-38 所示，泵启动后，油泵压力克服负载使液压缸 I 运动，当 p_1 口压力升高至作用在柱塞面积 A 上的液压力超过弹簧调定压力时，阀芯便向上运动，使 p_1 口和 p_2 口接通。油泵压力经顺序阀口后克服液压缸 II 的负载使活塞运动。这样利用顺序阀实现了液压缸 I 和 II 的顺序动作。

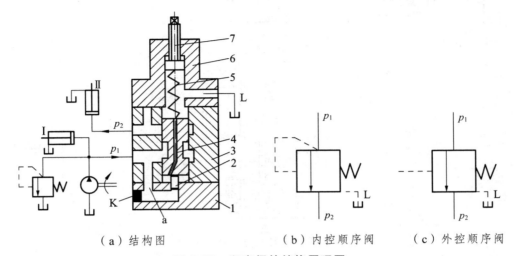

（a）结构图   （b）内控顺序阀   （c）外控顺序阀

图 5-38　顺序阀的结构原理图

1—端盖；2—控制柱塞；3—阀体；4—阀芯（滑阀）；5—调压弹簧；
6—阀盖；7—调压螺钉；I、II—液压缸；a—流道

溢流阀、减压阀和顺序阀之间有很多共同之处，为加深理解和记忆，在此做一比较，如表 5-7 所示。

表 5-7　溢流阀、减压阀和顺序阀比较

性　能	溢流阀	减压阀	顺序阀
压力控制	从阀的进油端引压力油去实现控制	从阀的出油端引压力油去实现控制	从阀的进油端或从外部油源引压力油构成内控式或外控式
连接方式	连接溢流阀的油路与主油路并联，阀出口直接通油箱	串联在减压油路上，出口油到减压部分去工作	当作卸荷平衡用时，出口通油箱；当顺序控制时，出口到工作系统
泄漏的回油方式	泄漏由内部回油	外泄回油	外泄回油，当作卸荷阀用时为内泄回油
阀芯状态	原始状态阀口关闭，当安全阀用，阀口是常闭状态；当溢流阀、背压阀用，阀口是常开状态	原始状态阀口开启，工作过程也是微开状态	原始状态阀口闭合，工作过程中阀口常开
作用	安全作用，溢流稳压作用，背压作用，卸荷作用	减压、稳压作用	顺序控制作用，卸荷作用，平衡（限速）作用，背压作用

4.3　液压方向控制阀

方向控制阀简称方向阀，主要用来通断油路或切换液流的方向，以满足对执行元件的启、停和运动方向的要求。按用途分为单向阀和换向阀。

4.3.1　单向阀

（1）普通单向阀

普通单向阀常简称为单向阀，它是控制液体只能正向流动，不允许反向流动的阀，因此又可称为逆止阀或止回阀。按进出液体流动方向的不同，它可分为直角式和直通式两种结构，如图5-39所示。

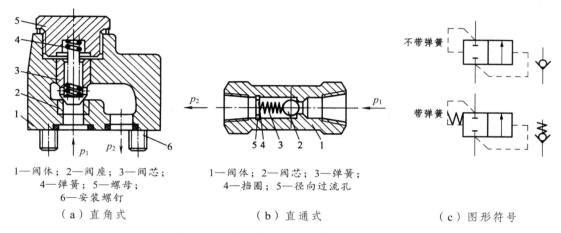

1—阀体；2—阀座；3—阀芯；
4—弹簧；5—螺母；
6—安装螺钉

（a）直角式

1—阀体；2—阀芯；3—弹簧；
4—挡圈；5—径向过流孔

（b）直通式

（c）图形符号

图5-39　普通单向阀的两种结构及符号

（2）液控单向阀

液控单向阀有普通型和带卸荷阀芯型两种，每一种又按其控制活塞的泄油腔的连接方式分为内泄式和外泄式。图5-40（a）所示为普通型外泄式液控单向阀。当控制口 K 处于无控制压力油通入时，其作用和普通单向阀一样，压力油只能从通油口 p_1 流向通油口 p_2，不能反向倒流。当控制口 K 处于有控制压力油，且其作用在控制活塞1上的压力超过 p_2 腔压力和弹簧4作用在阀芯3上的合力时（控制活塞上腔通泄油口），控制活塞推动推杆2使阀芯上移开启，通油口 p_1 和 p_2 接通，油液便可在两个方向自由通流。这种结构在反向开启时的控制压力较小。

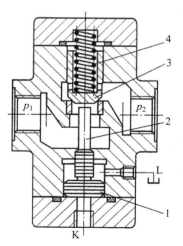

（a）普通型外泄式液控单向阀
1—控制活塞；2—推杆；3—阀芯；
4—弹簧；L—泄油口；K—控制口

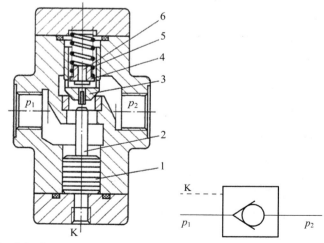

（b）带卸荷阀芯型内泄式液控单向阀
1—控制活塞；2—推杆；3—阀芯；4—弹簧座；
5—弹簧；6—卸荷阀芯；K—控制口

（c）简化符号
K—控制口

图5-40　液控单向阀

图 5-40（b）所示为带卸荷阀芯型内泄式液控单向阀，没有外泄油口，而进油口 p_1 和控制活塞的上腔直接相通。这种结构较为简单，在反向开启时，K 腔的压力必须高于 p_1 腔的压力，故控制压力较高，故仅使用于 p_1 腔压力较低的场合。

液控单向阀具有良好的反向密封性，用途主要有：对液压缸进行闭锁、作为立式液压缸的支撑阀和某些情况下起保压作用。

4.3.2　换向阀

换向阀的作用是利用阀芯和阀体的相对运动来接通、关闭油路或变换油液通向执行元件的流动方向，以使执行元件启动、停止或变换运动方向。

对换向阀的性能要求：

① 油液流经换向阀时的压力损失小。

② 各关闭阀口的泄漏量小。

③ 换向可靠，换向时平稳迅速。

换向阀按结构分，有转阀式和滑阀式；按阀芯工作位置数分，有二位、三位和多位等；按进、出口通道数分，有二通、三通、四通和五通等；按操纵和控制方式分，有手动、机动、电动、液动和电液动等；按安装方式分，有管式、板式和法兰式等。

其工作原理类似于气控换向阀，这里不再累述。

三位换向阀的阀芯在中间位置时，各接口间有不同的连通方式，可满足不同的使用要求，这种连通方式称为换向阀的滑阀机能。滑阀机能直接影响执行元件的工作状态，不同的滑阀机能可满足系统的不同要求，正确选择滑阀机能是十分重要的。表 5-8 所示为三位四通阀常用的滑阀机能、特点及应用。

表 5-8　三位四通阀常用的滑阀机能

型式	符号	中位油口状态、特点及应用
O 型	A B P T	P、A、B、T 四个油口全封闭；液压缸封闭，可用多个换向阀并联工作
H 型	A B P T	P、A、B、T 四个油口全通；活塞浮动，在外力作用下可移动，油泵卸荷
Y 型	A B P T	P 口封闭，A、B、T 口相通；活塞浮动，在外力作用下可移动，油泵不卸荷
K 型	A B P T	P、A、T 口相通，B 口封闭；活塞处于闭锁状态，油泵卸荷

续表 5-8

型式	符号	中位油口状态、特点及应用
M 型	A B P T	P、T 口相通，A、B 口均封闭；活塞闭锁不动，油泵卸荷，也可用多个 M 型换向阀并联工作
X 型	A B P T	四油口处于半开启状态；油泵基本上卸荷，但仍保持一定压力
P 型	A B P T	P、A、B 口相通，T 口封闭；油泵与液压缸两腔相通，可组成差动回路
J 型	A B P T	P、A 口封闭，B、T 相通；活塞停止，但在外力作用下可向一边移动，油泵不卸荷
C 型	A B P T	P、A 相通，B、T 口封闭；活塞处于停止位置
U 型	A B P T	P、T 口封闭，A、B 口相通；活塞浮动，在外力作用下可移动，油泵不卸荷

任务 5　液压控制回路的设计

【任务引入】

　　液压剪板机可以采用调压阀来控制剪切力，采用流量阀来实现速度的控制，采用换向阀可以控制动刀片连续不断地上下移动切换，液压缸可以推动动刀片动作，那么，这些液压控制元件和液压缸如何才能构成一个整体来实现上述的动作要求呢？

【任务分析】

　　如果要实现剪切力大小的控制，需要设计压力控制回路把各种液压元件连接成一个整体；要实现速度的控制，需要设计速度回路；要实现动刀片的换向动作，需要方向控制回路。我们可以综合考虑实际工作要求，设计出一套满足液压剪板机需的液压控制回路。这就要求我们必须熟知各种液压控制回路。

【相关知识】

5.1 速度控制回路

5.1.1 速度控制原理

对液压执行元件而言，控制"流入执行元件的流量"或"流出执行元件的流量"都可以控制执行元件的速度。

液压缸活塞移动速度为：

$$v = \frac{Q}{A} \tag{5-1}$$

液压马达的转速为：

$$n = \frac{Q}{q} \tag{5-2}$$

式中：Q 为流入执行元件的流量；A 为液压缸活塞的有效工作面积；q 为液压马达的排量。

由上两式可知：改变 Q、A、q 均可以达到改变速度的目的。但改变液压缸工作面积的方法在实际中是不现实的，因此，只能采用改变进入液压执行元件的流量 Q，可采用变量液压泵来供油，也可采用定量泵和流量控制阀。用定量泵和流量阀来调速时，称为节流调速；用改变变量泵或变量液压马达的排量调速时，称为容积调速；用变量泵和流量阀来达到调速时，则称为容积节流调速。

5.1.2 调速回路

按流量阀安装位置不同可分为：进油路节流调速、回油路节流调速、旁油路节流调速。

① 进油路节流调速回路，见图 5-41（a）

进油路节流调速回路适用于轻载、低速、负载变化不大和速度稳定性要求不高的小功率液压系统。

② 回油节流调速回路，见图 5-41（b）。

③ 旁路节流调速回路，见图 5-42。

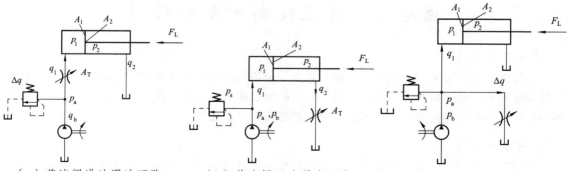

（a）节流阀进油调速回路　　　（b）节流阀回油调速回路

图 5-41　节流阀调速回路　　　　　　　　**图 5-42　节流阀旁路调速回路**

节流阀旁路调速回路一般用于高速、重载、对速度平稳性要求很低的较大功率场合，如牛头刨床主运动系统、输送机械液压系统等。

5.1.3 速度换接回路

功用：完成系统中执行元件依次实现几种速度的换接。实质上是一种分级（或有级）调速回路，但速度是根据需要事先调好，这是和调速回路的不同之处。

分类：快速与慢速的换接、两种慢速的换接。

（1）快速运动回路

快速运动回路又称增速回路，其功用在于使液压执行元件获得所需的高速，以提高系统的工作效率或充分利用功率。实现快速运动视方法不同有多种结构方案，图 5-43 ~ 图 5-46 是几种常用的快速运动回路。

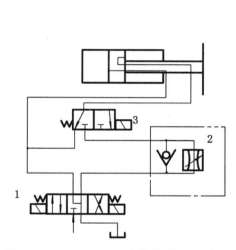

图 5-43 液压缸差动连接的快速回路

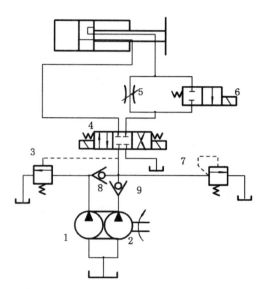

图 5-44 双泵供油的快速回路

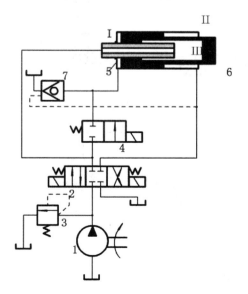

图 5-45 增速缸快速回路

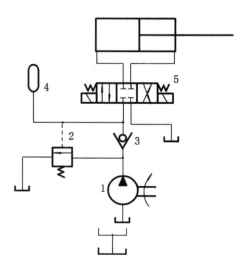

图 5-46 采用蓄能器的快速回路

（2）快速与慢速的换接回路

速度换接回路的功能是使液压执行机构在一个工作循环中从一种运动速度变换到另一种运动速度，因而，这个转换不仅包括液压执行元件快速到慢速的换接，而且也包括两个速度之间的换接。实现这些功能的回路应该具有较高的速度换接平稳性。

① 快速与慢速的换接回路，见图 5-47。

② 慢速的换接回路，见图 5-48、图 5-49。

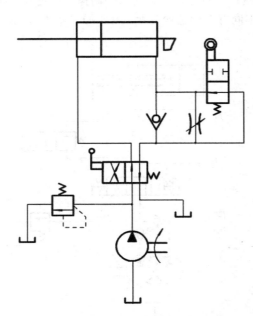

图 5-47 快速与慢速的换接回路

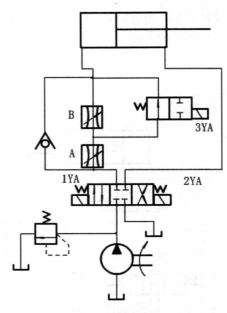

图 5-48 两个调速阀串接实现的慢速换接回路

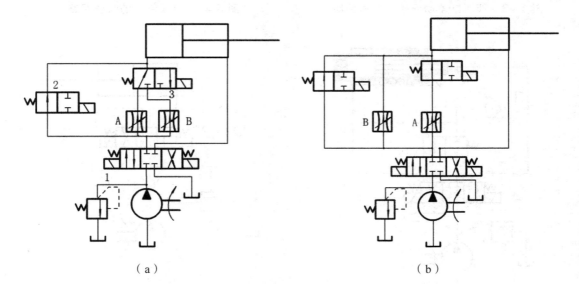

（a） （b）

图 5-49 两个调速阀并联实现的慢速换接回路

5.2 方向控制回路

通过控制进入执行元件液流的通、断或变向，来实现执行元件的启动、停止或改变运动方向的回路称为方向控制回路。常用的方向控制回路有：换向回路、锁紧回路、制动回路。

换向回路见图 5-50。

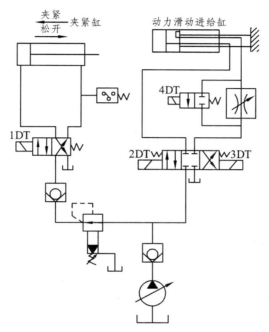

图 5-50 换向顺序动作回路

锁紧回路（见图 5-51）的功用：通过切断执行元件进油、出油通道而使执行元件准确地停在确定的位置，并防止停止运动后因外界因素而发生窜动。

制动回路（见图 5-52）的功用：使液压执行元件平稳地由运动状态转换为静止状态，制动快，冲击小，制动过程中油路出现的异常高压和负压能自动有效地被控制。

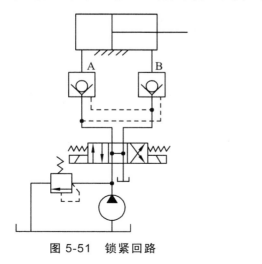

图 5-51 锁紧回路　　　　**图 5-52 制动回路**

5.3　压力控制回路

5.3.1　调压回路

调压回路如图 5-53 和图 5-54 所示。其功用是：调定和限制液压系统的最高工作压力，或者使执行机构在工作过程不同阶段实现多级压力变换。

5.3.2　卸载回路

卸载回路如图 5-55 所示，其功用是：在液压系统执行元件短时间不工作时，不频繁启动原动机而使泵在很小的输出功率下运转。

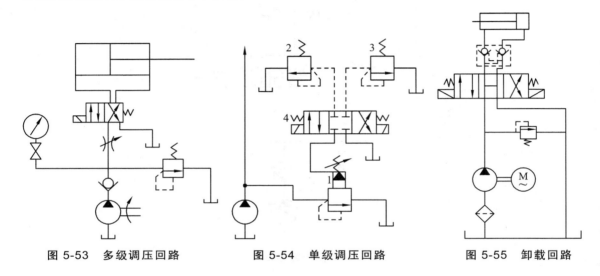

图 5-53　多级调压回路　　　图 5-54　单级调压回路　　　图 5-55　卸载回路

5.3.3　保压回路

保压回路如图 5-56 所示，其功用是：使系统在缸不动或因工件变形而产生微小位移的工况下保持稳定不变的压力。

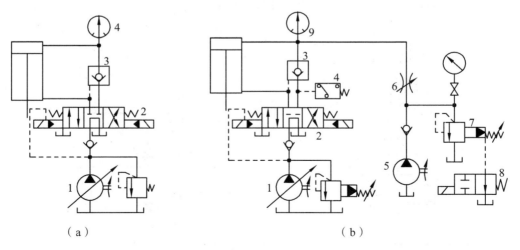

（a）　　　　　　　　　　　　　　（b）

图 5-56　保压回路

5.3.4 泄压回路

泄压回路如图 5-57、图 5-58 所示，其功用是：使执行元件高压腔中的压力缓慢地释放，以免泄压过快引起剧烈的冲击和振动。

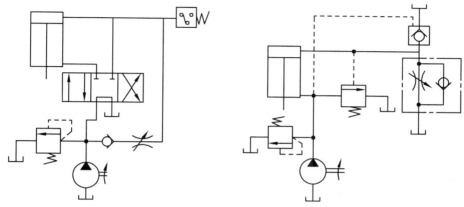

图 5-57 用节流阀的泄压回路　　　　图 5-58 用单向节流阀的泄压回路

5.3.5 平衡回路

平衡回路如图 5-59 所示，其功用是：使立式液压缸的回油路保持一定背压，以防止运动部件在悬空停止期间因自重而自行下落，或下行运动时因自重超速失控。

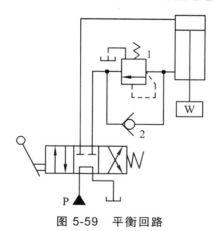

图 5-59 平衡回路

任务 6　液压系统设计

【任务引入】

液压剪板机系统是一套完整的液压系统，能够完成不同板材的剪切任务。液压剪板机可以实现速度控制、压力控制等，对于这些要求，我们能否设计出一套满足要求的液压系统呢？我们又该注意哪些问题？对于已有的液压系统，我们又该如何维护？

【任务分析】

设计出一套完整的液压系统，需要知道液压系统的设计特点、设计步骤、设计注意事项等。为了保证液压系统的正常运行，我们还要熟悉液压系统的常见维护方法及注意事项。

【相关知识】

6.1　液压系统的设计方法

我们就以液压剪板机液压系统设计为例来讲解液压系统的设计方法。

6.1.1　设计液压传动系统的依据

① 设备的总体布局和工艺要求，包括采用液压传动所完成的设备运动种类、机械设计时提出可能用的液压执行元件的种类和型号、执行元件的位置及其空间的尺寸范围、要求的自动化程度等。

② 设备的工作循环、执行机构的运动方式（移动、转动或摆动）以及完成的工作范围。

③ 液压执行元件的运动速度、调速范围、工作行程、载荷性质和变化范围。

④ 设备各部件的动作顺序和互锁要求，以及各部件的工作环境与占地面积等。

⑤ 液压系统的工作性能，如工作平稳性、可靠性、换向精度、停留时间和冲出量等方面的要求。

⑥ 其他要求，如污染、腐蚀性、易燃性以及液压装置的质量、外形尺寸和经济性等。

6.1.2　液压系统的设计步骤

① 明确对液压传动系统的工作要求，是设计液压传动系统的依据，由使用部门以技术任务书的形式提出。

② 拟定液压传动系统图：

• 根据工作部件的运动形式，合理地选择液压执行元件。

• 根据工作部件的性能要求和动作顺序，列出可能实现的各种基本回路。此时应注意选择合适的调速方案、速度换接方案，确定安全措施和卸荷措施，保证自动工作循环的完成和顺序动作和可靠。

• 液压传动方案拟订后，应按国家标准规定的图形符号绘制正式原理图。图中应标注出各液压元件的型号规格，还应有执行元件的动作循环图和电气元件的动作循环表，同时要列出标准（或通用）元件及辅助元件一览表。

③ 计算液压系统的主要参数和选择液压元件：计算液压缸的主要参数；计算液压缸所需的流量并选用液压泵；选用油管；选取元件规格；计算系统实际工作压力；计算功率，选用电动机；发热和油箱容积计算。

④ 进行必要的液压系统验算。

⑤ 液压装置的结构设计。

⑥ 绘制液压系统工作图，编制技术文件。

6.1.3 设计液压传动系统时应注意的问题

① 在组合基本回路时，要注意防止回路间相互干扰，保证正常的工作循环。

② 提高系统的工作效率，防止系统过热。例如：功率小，可用节流调速系统；功率大，最好用容积调速系统；经常停车制动，应使泵能够及时地卸荷；在每一工作循环中耗油率差别很大的系统，应考虑用蓄能器或压力补偿变量泵等效率高的回路。

③ 防止液压冲击，对于高压大流量的系统，应考虑用液压换向阀代替电磁换向阀，减慢换向速度；采用蓄能器或增设缓冲回路，消除液压冲击。

④ 系统在满足工作循环和生产率的前提下，应力求简单，系统越复杂，产生故障的机会就越多。系统要安全可靠，对于做垂直运动提升重物的执行元件应设有平衡回路；对有严格顺序动作要求的执行元件应采用行程控制的顺序动作回路。此外，还应具有互锁装置和一些安全措施。

⑤ 尽量做到标准化、系列化设计，减少专用件设计。

6.2 液压系统的常见故障及解决措施

6.2.1 工作部件产生爬行的原因及排除方法

① 因为空气的压缩性较大，当含有气泡的液体到达高压区而受到剧烈压缩时，会使油液体积变小，使工作部件产生爬行。

采取措施：在系统回路的高处部位设置排气装置，将空气排除。

② 由于相对运动部件间的摩擦阻力太大或摩擦阻力变化，致使工作部件在运动时产生爬行。

采取措施：对液压缸、活塞和活塞杆等零件的形位公差和表面粗糙度有一定的要求；并应保证液压系统和液压油的清洁，以免脏物带入相对运动件的表面间，从而增大摩擦阻力。

③ 运动件表面间润滑不良，形成干摩擦或半摩擦，也容易导致爬行。

采取措施：经常检查有相对运动零件的表面间润滑情况，使其保持良好。

④ 若液压缸的活塞和活塞杆的密封定心不良，也会出现爬行。

采取措施：应卸除载荷，使液压缸单独动作，测定出摩擦阻力后，校正定心。

⑤ 因液压缸泄漏严重，导致爬行。

采取措施：减少泄漏损失或加大液压泵容量。

⑥ 在工作过程中由于负载变化，引起系统供油波动，导致工作部件爬行。

采取措施：注意选用小流量下保持性能稳定的调速阀，并且在液压缸和调速阀间尽量不用软管连接，否则会因软管变形大，容易引起爬行现象。

6.2.2 液压系统油温升高的原因、后果及解决措施

液压系统在工作中有能量损失，包括压力损失、容积损失和机械损失三方面，这些损失转化为热能，使液压系统的油温升高。一般液压系统的油温应控制在 30～60 ℃ 范围内，最高不超过 60～70 ℃。

油温升高会引起一系列不良后果：① 使油液黏度下降，泄漏增加，降低了容积效率，甚至影响工作机构的正常运动；② 使油液变质，产生氧化物杂质，堵塞液压元件中的小孔或缝隙，使之不能正常工作；③ 引起热膨胀系数不同的相对运动零件之间的间隙变小，甚至卡死，无法运动；④ 引起机床或机械的热变形，破坏原有的精度。

保证液压系统正常工作温度的措施：

① 当压力控制阀的调定值偏高时，应降低工作压力，以减少能量损耗。

② 由于液压泵及其连接处的泄漏造成容积损失而发热时，应紧固各连接处，加强密封。

③ 当油箱容积小、散热条件差时，应适当加大油箱容积，必要时设置冷却器。

④ 由于油液黏度太高，使内摩擦增大而发热时，应选用黏度低的液压油。

⑤ 当油管过于细长并弯曲，使油液的沿程阻力损失增大、油温升高时，应加大管径，缩短管路，使油液通畅。

⑥ 由于周围环境温度过高使油温升高时，要利用隔热材料和反射板等，使系统和外界隔绝。

⑦ 高压油长时间不必要地从溢流阀回油箱，使油温升高时，应改进回路设计，采用变量泵或卸荷措施。

6.2.3　液压系统中噪声产生的原因及解决措施

① 空气侵入液压系统是产生噪声的主要原因。因为液压系统侵入空气时，在低压区其体积较大，当流到高压区时受压缩，体积突然缩小，而当它流入低压区时，体积突然增大，这种气泡体积的突然改变，产生"爆炸"现象，因而产生噪声，此现象通常称为"空穴"。针对这个原因，常常在液压缸上设置排气装置，以便排气。另外在开车后，使执行件以快速全行程往复几次排气，也是常用的方法。

② 液压泵或液压马达质量不好，通常是液压传动中产生噪声的主要部分。液压泵的制造质量不好，精度不符合技术要求，压力与流量波动大，困油现象未能很好消除，密封不好以及轴承质量差等都是造成噪声的主要原因。面对上述原因，一是选择质量好的液压泵或液压马达，二是加强维修和保养。

③ 溢流阀不稳定，例如，由于滑阀与阀孔配合不当或锥阀与阀座接触处被污物卡住、阻尼孔堵塞、弹簧歪斜或失效等使阀芯卡住或在阀孔内移动不灵，引起系统压力波动和噪声。对此，应注意清洗、疏通阻尼孔；对溢流阀进行检查，如发现有损坏，或因磨损超过规定，则应及时修理或更换。

④ 换向阀调整不当，使换向阀阀芯移动太快，造成换向冲击，因而产生噪声与振动。在这种情况下，若换向阀是液压换向阀，则应调整控制油路中的节流元件，使换向平稳无冲击。在工作时，液压阀的阀芯支撑在弹簧上，当其频率与液压泵输油率的脉动频率或与其他振源频率相近时，会引起振动，产生噪声。这时，通过改变管路系统的固有频率，变动控制阀的位置或适当地加蓄能器，则能防振降噪。

⑤ 机械振动，例如，油管细长，弯头多而未加固定，在油流通过时，特别是当流速较高时，容易引起管子抖动；电动机和液压泵的旋转部分不平衡，或在安装时对中不好，或联轴节松动等，均能产生振动和噪声。对此应采取的措施有：较长油管应彼此分开，并与机床壁隔开，适当加设支承管夹；调整电动机和液压泵的安装精度；重新安装联轴节，保证同轴度小于 0.1 mm 等。

6.3　安装过程中的注意事项

（1）在液压系统中安装油管的注意事项

① 吸油管不应漏气，各接头要紧固和密封好。

② 吸油管道上应设置过滤器。

③ 回油管应插入油箱的油面以下，以防止飞溅泡沫和混入空气。

④ 电磁换向阀内的泄漏油液，必须单独设回油管，以防止泄漏回油时产生背压，避免阻碍阀芯运动。

⑤ 溢流阀回油口不许与液压泵的入口相接。

⑥ 全部管路应进行两次安装，第一次试装，第二次正式安装。试装后，拆下油管，用 20% 的硫酸或盐酸溶液酸洗，再用 10% 的苏打水中和，最后用温水清洗，待干燥后涂油进行二次安装。注意：安装时不得带入杂质。

（2）在液压系统中安装液压元件时的注意事项

① 液压元件安装前要清洗，自制的重要元件应进行密封和耐压试验，试验压力可取工作压力的 2 倍，或取最高使用压力的 1.5 倍。试验时要分级进行，不要一下子升到试验压力，每升一级检查一次。

② 方向控制阀应保证轴线呈水平位置安装。

③ 板式元件安装时，要检查进出油口处的密封圈是否合乎要求，安装前密封圈应突出安装平面，保证安装后有一定的压缩量，以防泄漏。

④ 板式元件安装时，固定螺钉的拧紧力要均匀，使元件的安装平面与元件底板平面能很好地接触。

（3）在液压系统中安装液压泵时的注意事项

① 液压泵传动轴与电动机驱动轴同轴度偏差小于 0.1 mm，一般采用挠性联轴节联结，不允许用 V 带直接带动泵轴转动，以防泵轴受径向力过大，影响泵的正常运转。

② 液压泵的旋转方向和进、出油口应按要求安装。

③ 各类液压泵的吸油高度，一般要小于 0.5 m。

（4）清洗时的注意事项

① 一般液压系统清洗时，多采用工作用的液压油或试车油。不能用煤油、汽油、酒精、蒸气或其他液体，防止液压元件、管路、油箱和密封件等受腐蚀。

② 清洗过程中，液压泵运转和清洗介质加热同时进行。清洗油液的温度为 50～80 ℃ 时，系统内的橡胶渣是容易除掉的。

③ 清洗过程中，可用非金属锤棒敲击油管，可连续地敲击，也可不连续地敲击，以利清除管路内的附着物。

④ 液压泵间歇运转有利于提高清洗效果，间歇时间一般为 10～30 min。

⑤ 在清洗油路的回路上，应装过滤器或滤网。刚开始清洗时，因杂质较多，可采用 80 目滤网，清洗后期改用 150 目以上的滤网。

⑥ 为了防止外界湿气引起锈蚀，清洗结束时，液压泵还要连续运转，直到温度恢复正常为止。

⑦ 清洗后要将回路内的清洗油排除干净。

☆ 项目实践

剪板机液压系统的仿真设计与调试

1. 前期准备

① 充分了解研究对象，收集相关信息。

② 组建团队。学生成立项目小组，分派组员任务。

2. 制订项目实施计划

充分分析收集到的相关信息，明确其工作过程与要求，制订出合理的、可行的项目实施方案，详细列出项目实施进度表。

3. 设备与工具准备

个人电脑 1 台，仿真软件 1 套。

4. 项目实施步骤

① 打开仿真软件，新建一个液压控制系统工程。

② 明确工作要求，确定动作顺序，确定选用什么液压元件，如液压缸、液压控制阀等。

③ 布局：把各种液压元件有序地排列。

④ 连线：用液压管线把各种液压元件连接成一个整体，要特别注意多条液压管线的通接和跨接的画法。

⑤ 仿真调试：如果有问题，则返回绘制界面修改，然后再仿真调试，直至完成；

⑥ 写出剪板机液压系统的使用说明。

5. 考核与评价

此处略。

☆ 思考与练习

1. 何谓液压传动？液压传动系统由哪些组成部分？各组成部分的作用是什么？

2. 举例说明液压传动系统的工作原理。

3. 液压油有哪些特点？

4. 什么叫气穴现象？它是怎样产生的？有什么危害？有哪些预防措施？

5. 在液压系统中安装油管、液压元件和液压泵时应注意哪些事项？

6. 如何清洗液压系统？

7. 怎样对液压系统进行日常检查？

8. 在检修液压系统时，应注意什么？

9. 液压系统设计的一般步骤是什么？

附录　常用气动图形符号
（摘自 GB/T 786.1—2009）

类别	名　称	符　号	类别	名　称		符　号
管路、管路连接口和接头	工作管路 电气线路 控制供给管路		管路、管路连接口和接头	快换接头	带单向阀	
	控制管路 排气管路					
	连接管路			旋转接头	单通路	
					三通路	
	交叉管路		机械控制件	直线运动的杆		
	柔性管路			旋转运动的轴		
	排气口	不带连接螺纹		定位装置		
				锁定装置（＊为开锁的控制方法符号）		
		带连接螺纹				
				弹跳机构		
	封闭气口		控制方法	人力控制	不指名人力控制的方式	
	放气装置	连续放气			按钮式	
					拉钮式	
		间断放气			按－拉式	
		单向放气			手柄式	
	快换接头	不带单向阀			单向踏板式	
					双向踏板式	

（续）

类别		名　称	符　号	类别		名　称	符　号
控制方法	机械控制	顶杆式		控制方法	复合控制	顺序控制 电磁－内部气压先导控制	
		可变行程控制式				电磁－外部气压先导控制	
		弹簧式				选择控制	
		滚轮式（两个方向操作）		泵、马达		气泵	
		单向滚轮式					
	电气控制	单作用电磁铁（电气引线可省略）			定量马达	单向	
		双作用电磁铁				双向	
	气压控制	直接控制 加压或泄压控制			变量马达	单向	
		差动控制					
		内部压力控制				双向	
		外部压力控制					
		先导控制 加压控制				摆动马达	
		泄压控制					

（续）

类别	名 称			符 号	类别	名 称		符 号
气缸	单作用气缸	单活塞杆	不带弹簧		气缸	双作用气缸	伸缩缸	
			带弹簧 弹簧压出				增压缸	
			带弹簧 弹簧压回				气液增压缸	单程作用 连续作用
		伸缩缸			压力控制阀	溢流阀	直动型 内部压力控制	
	双作用气缸	单活塞杆					直动型 外部压力控制	
		双活塞杆					先导型	
		缓冲气缸	不可调 单向			减压阀	直动型 一般符号	
			不可调 双向				直动型 带溢流	
			可调 单向				先导型	
			可调 双向					

（续）

类别	名 称		符 号	类别	名 称		符 号
压力控制阀	顺序阀	直动型 内部压力控制		梭阀	或门型		
		直动型 外部压力控制			与门型		
	单向顺序阀				快速排气阀		
流量控制阀	截止阀			方向控制阀	二位二通	常通	
	节流阀	不可调				常断	
		可调			二位三通	常通	
	滚轮控制可调节流阀					常断	
	可调单向节流阀				二位四通		
	带消声器的节流阀				三位四通	中间封闭式	
方向控制阀	单向阀					中间加压式	
	气控单向阀					中间泄压式	

（续）

类别	名　称		符　号	类别	名　称		符　号
方向控制阀	二位五通			气动辅助元件及其他	除油器	人工排出	
	三位五通	中间封闭式				自动排出	
		中间加压式			空气干燥器		
		中间泄压式			油雾器		
	电气伺服阀				气动调节装置（简化符号）		
气动辅助元件及其他	气压源				气液转换器	单程作用	
	气罐					连续作用	
	蓄能器				压力继电器		详细符号　　一般符号
	冷却器				行程开关		详细符号　　一般符号
	过滤器				模拟传感器		
	空气过滤器	人工排出			消声器		
		自动排出					

（续）

类别	名　称	符　号	类别	名　称	符　号
气动辅助元件及其他	报警器		气动辅助元件及其他	脉冲计数器输出气信号	
	压力检测器			温度计	
	压力计			流量计	
	压差计			累计流量计	
	脉冲计数器输出电信号			电动机	

参 考 文 献

[1]　周进民. 液压与气动技术[M]. 成都：西南交通大学出版社，2009.

[2]　吴卫荣. 气动技术[M]. 北京：中国轻工业出版社，2011.

[3]　SMC（中国）有限公司. 现代实用气动技术[M]. 北京：机械工业出版社，2009.

[4]　阳彦雄，李亚利. 液压与气动技术[M]. 北京：北京理工大学出版社，2008.

[5]　凤鹏飞，满维龙. 液压与气压传动技术[M]. 北京：电子工业出版社，2012.

[6]　黄志坚. 气动设备使用于维修技术[M]. 北京：中国电力出版社，2009.

[7]　中国机械工程学会设备与维修工程分会《机械设备维修问答丛书》编委会. 液压与气动设备维修问答[M]. 2 版. 北京：机械工业出版社，2011.

[8]　黄志昌，黄鹏. 液压与气动技术[M]. 2 版. 北京：电子工业出版社，2010.

[9]　崔培雪，冯宪琴. 典型液压气动回路 600 例[M]. 北京：化学工业出版社，2011.

[10]　吴晓明. 现代气动元件与系统[M]. 北京：化学工业出版社，2014.

[11]　杨永平. 液压与气动技术基础[M]. 北京：化学工业出版社，2009.

[12]　周曲珠. 图解液压与气动技术[M]. 北京：中国电力出版社，2010.

[13]　邹建华. 液压与气动技术基础[M]. 武汉：华中科技大学出版社，2006.

[14]　朱新才，等. 液压与气动技术[M]. 重庆：重庆大学出版社，2005.

[15]　姜佩东. 液压与气动技术[M]. 北京：高等教育出版社，2000.

[16]　左建民. 液压与气压传动[M]. 北京：机械工业出版社，2011.

[17]　朱梅. 液压与气动技术[M]. 西安：西安电子科技大学出版社，2007.

[18]　徐从清. 液压与气动技术[M]. 西安：西北工业大学出版社，2009.